U0182015

宁夏水文化丛书

大清渠录·点注本

刘建勇　等　注释

黄河水利出版社

·郑州·

图书在版编目（CIP）数据

大清渠录：点注本 / 刘建勇等注释. — 郑州：黄河水利出版社，2020.12

ISBN 978-7-5509-2893-0

Ⅰ. ①大… Ⅱ. ①刘… Ⅲ. ①水利史-史料-中国-清代 Ⅳ. ①TV-092

中国版本图书馆 CIP 数据核字（2020）第 270214 号

策划编辑：张 倩　　电话：13837183135　　QQ：995858488

出 版 社：黄河水利出版社　　　　　　　　　网址：www.yrcp.com
　　　　　地址：河南省郑州市顺河路黄委会综合楼14层　　邮编：450003
发行单位：黄河水利出版社
　　　　　发行部电话：0371-66026940、66020550、66028024、66022620（传真）
　　　　　E-mail：hhslcbs@126.com
承印单位：河南瑞之光印刷股份有限公司
开本：710 mm×1 000 mm　　1 / 16
印张：12.75
字数：256 千字　　　　　　　　　　　印数：1—2 500
版次：2020 年 12 月第 1 版　　　　　　印次：2020 年 12 月第 1 次印刷

定价：98.00 元

▊ 总序

　　文化是一个国家、一个民族的灵魂，也是人民群众的精神家园。水文化作为中华文化和华夏文明的重要组成部分，是水利事业持续发展的思想旗帜和动力源泉。宁夏引黄灌溉始于秦汉，历经朝代更替从未中断发展。千百年来，引黄古渠生生不息、血脉流润，造就了沟渠纵横、稻谷飘香的"塞上江南"，孕育了独具特色、辉煌璀璨的水历史文化，是黄河文明、农耕文明的生动体现，已成为宁夏人民自强不息、厚德载物、开放包容的精神食粮。

　　水是生命之源、生产之要、生态之基，也是经久不衰的文化母题。在长期治水实践中，涌现了大量杰出的治水人物，积累了丰富的治水、用水、管水经验，为区域社会经济发展做出了突出贡献，为文学创作提供了丰富素材和广阔空间。历代治水先贤、文人墨客关注水利、热爱水利、讴歌水利，创作了大量具有深刻思想内涵、感人艺术魅力、强烈地域特征、鲜明水利特色的珍贵作品，仅唐代以来创作的水利诗文达300余首、碑记40余篇，另有奏谕、书论、律令、传记、轶事等200余篇，为推进水利事业发展提供了强大精神动力。

　　天赐大河，水脉传承。2016年10月，宁夏水利厅党委审时度势，启动了宁夏引黄古灌区申报世界灌溉工程遗产工作，在自治区党委、政府的高度重视和水利部、国家灌排委的帮助指导下，"申遗"工作高位推动，取得成功。2017年10月10日，宁夏引黄古灌区正式列入世界灌溉工程遗产名录，不仅填补了宁夏申遗空白，更向世界亮出了宁夏"金"字名片。为了让历史悠久、底蕴深厚的塞上水文化更加生动直观地展现于世人面前，我们组织人员对宁夏水历史文化进行系统研究、深度挖掘，形成了一批从不同侧面反映宁夏水利璀璨文化的素材和成果，将以《宁夏水文化丛书》的形式陆续编撰出版。相信这些精品力作的问世，将为宁夏水文化建设增添一笔宝贵财富，开创具有时代特征和行业特色的水文化建设新局面。

　　站在新的历史起点上，波澜壮阔的治水兴水实践，必将会产生更为丰厚的文学创作素材，搭建更为广阔的文化展示平台。衷心希望社会各界能更多地关心、关注宁夏水利，积极创作出更多的水利文化作品，凝聚起助推水利事业转型升级发展的强大合力，为文化兴宁、产业兴宁、开放兴宁、实干兴宁做出新的更大的贡献。

宁夏回族自治区水利厅

2018 年 8 月

▌前言

自 2017 年宁夏引黄古灌区成功列入世界灌溉工程遗产名录以来，我们致力于深入挖掘宁夏引黄灌溉遗产所蕴含的丰厚时代价值，多方收集与宁夏水利相关文物史料，有幸在中国国家图书馆觅得清代宁夏监收同知王全臣所著《大清渠录》，此书距今已 300 余年，共收录序一篇、书一篇、弁言一篇、书后一篇、记一篇，以及与古渠相关的诗词七十二首。

大清渠，初名贺兰渠，为清康熙三十八年（1699）宁夏道管竭忠创开。康熙四十七年（1708）为解决唐徕渠及汉延渠供水不善问题，王全臣于旧贺兰渠口以上 3 里马关嵯附近新开渠口，扩延渠道至宋澄堡，命名为大清渠。修竣后的大清渠，水势畅通，灌溉陈俊、蒋鼎、汉坝、林皋、瞿靖、邵岗、玉泉、李俊、宋澄九堡田地，因用工得当，且工时极短，大清渠修浚工程得到当地官民一致称赞，并将王全臣所著诗书镌刻于石碑之上以作纪念，时人亦赠有诗文歌颂其功绩。有感于此，王全臣收录了自己及诸人所著诗文，集结成册，命名为《大清渠录》，于康熙五十一年（1712）印制，留存于世。

《大清渠录》全书用文言文写成，没有断句标点，阅读理解较为困难，为便于研究阅读，讲好宁夏"黄河故事"，我们对其进行了断句、校对及注解。在点注过程中，坚持实事求是的科学态度，既考虑方便阅读理解，又尽量保留书籍原貌，不作增删、调整、改动。在整理工作中遵照以下点注原则：

1.标点符号以《标点符号用法》（GB/T 15834—2011）为标准。

2.出版采用简体字排印，不对主要内容进行删减更改，原文中的虚词也予以保留。

3.对原文中的古体字、异体字、繁体字原则上改为规范的简体字，残破、缺字以致无法确认者以□表示，通假字仍选用原文。

4.对相关水利名词、水利术语、水利事件、水利机构、水利官职以及与书中内容直接相关的县级及以下的行政区划等进行重点注释。

5.对现今不常用或与古代不通用的度量衡进行注释。

6.对涉及的公文用语进行注释。

7.对原文中出现的相关人物，能够在史料中查找到的进行注释。

《大清渠录·点注本》得以顺利出版，得到了国家图书馆的大力支持，在此表示感谢。

由于能力水平有限，本书之点注、审校工作，难免存在疏漏失当之处，恳希读者批评指正。

编　者

2020 年 12 月

▌大清渠简介

　　大清渠，初名贺兰渠，为清康熙三十八年，宁夏道管竭忠据民所请创开，在黄河青铜峡出口西河马关嵯之下 6 里处开口引水，原渠宽数丈，长 10 余里，灌田数百亩。

　　清康熙四十七年，宁夏监收同知王全臣，鉴于唐徕、汉延两渠之间，宜耕土地尚多，于旧贺兰渠口以上 3 里，唐徕渠口之下 25 里、汉延渠口之上 5 里，马关嵯附近新开渠口，至马家庄引入旧渠而扩充之，至陈俊、汉坝二堡之交，即弃旧渠，北向延引，将贺兰渠扩大延伸至宋澄堡，尾水入唐徕渠，长达 70 余里。渠道上口宽八丈、深五尺，灌陈俊、蒋鼎、汉坝、林皋、瞿靖、邵岗、玉泉、李俊、宋澄九堡田地 1123 顷，因该渠始建于清初，故以"大清"命名。

　　雍正十二年、乾隆四年宁夏道钮廷彩重修。乾隆四十二年宁夏道王廷赞组织大修。光绪十三年宁夏知府黄自元主持重修汉坝、宋澄各涵洞，并筑底石以利排水。光绪三十年黄河洪水毁损引水段后重修渠工，光绪三十四年知府赵惟熙用柳条编织大筐，盛毛石，修压迎水坝。1928年宁夏水利总办王鸿烈将大清渠年度维修费用按亩均摊。1940 年在尚家桥下戴家车门附近，新建永涵石涵洞。

　　中华人民共和国成立前，大清渠以渠设局，以渠养渠，独立核算。中华人民共和国成立后，大清渠由宁朔县水利局设大清渠管理所管理。

　　1953 年 3 月废除原 8 公里引水段及建筑物，在唐徕渠进水闸以下 6.5 公里跃进桥以上建分水闸，于大清渠尚桥以下百米处接入大清渠，新开渠道 6.2 公里，合并于唐徕渠作

1

为支干渠。

1951 年至 1955 年第一排水沟开挖完成后建立国营连湖农场，1957 年新开南干、西干二支渠，新增灌溉面积 1.4 万亩。

1977 年扩大原贴渠 11 公里，将大清渠口上延与西贴渠合并建进水闸，由河西总干渠直接引水，进水闸并列于唐徕渠进水闸东侧（2 孔），成为独立干渠，从此大清渠不再是唐徕渠支干渠。

1994 年 3 月改造大清渠分水闸，翻建机房，更换闸门 3 孔，配套 2 台手电两用卷扬式启闭机。

2000 年 3 月实施宁夏引黄灌区节水灌溉和续建配套改造工程，砌护张岗节制闸至永庆沟段 0.7 公里渠道。

2010 年至 2011 年 3 月砌护马家闸至永涵段渠道 22.95 公里。

2013 年 11 月进水闸列入中型病险水闸除险加固改造项目，更换了钢闸门及启闭设备。

现干渠最大引水流量 20 立方米 / 秒，全长 23.56 公里，灌溉面积 6 万亩。

20 世纪 30 年代大清渠渠口

大清渠渠道

大清渠渠口引水段

▌目录

3

大清渠录　原版

【大清渠录】

序

　　大清渠^①录，曷^②录乎尔？盖录予所作之书与记，并录诸公所赠之诗与文也。客曰：斯录也，不亦近於德政颂而贻^③自誉之讥乎？予应之曰：民以食为天，而宁渠又天之天也。我皇上轸念民依^④至谆且切，凡地方利弊莫不上廑睿虑士君。予身膺^⑤外吏，职司^⑥民社，我皇上即以此一方利弊委任之，有可兴之利、应除之弊而不悉心兴除，是自负职司，即大负简畀^⑦之至意矣。予抵宁夏任，见各渠滨^⑧於废弃，竭力修浚，亦只期无负职司云尔。

　　乃宁夏士民以予所作书与记勒之於石，而游览诸公咸^⑨

----

　　① 大清渠：原开口于黄河青铜峡出口左岸。初名贺兰渠，为清康熙三十八年宁夏道管竭忠据民所请创开。康熙四十七年，宁夏监收同知王全臣，于旧贺兰渠口以上3里马关嵯附近新开渠口，扩延渠道至宋澄堡。雍正十二年、乾隆四年、乾隆四十二年、光绪十三年、光绪三十年、光绪三十四年先后大修。1940年在尚家桥下新建石涵洞一座。1953年改由唐徕渠跃进闸引水，1977年改由河西总干渠与唐徕渠并口引水。现干渠起始于青铜峡市大坝镇韦桥村，终止于青铜峡市邵岗镇永涵村，最大引水流量20立方米/秒，全长23.56公里。主要承担宁夏青铜峡市4个乡镇和国营连湖农场6万亩农田灌溉任务。

　　② 曷：何，什么。

　　③ 贻：遗留，留下。

　　④ 依：同"意"，心思。

　　⑤ 膺：接受，承当。

　　⑥ 司：主管，操作。

　　⑦ 简畀：谓经过选择而付予。

　　⑧ 滨：同"濒"，接近，将，临。

　　⑨ 咸：全，都。

赠以诗文。夫予所作书与记既为士民勒诸石矣，而诸公所赠不集诸简端^①公之世，好使明月之珠沦於瓦砾，连城之璧掩於榛莽^②，奚^③可哉。然则予之区区录，此者盖录诸公所赠之诗与文，而连类^④以及不能不兼录予之书与记也。客曰：有是哉，不伐善^⑤更不没^⑥人之善，於斯录而兼有焉。爰^⑦叙次^⑧本末以付剞劂^⑨，至所录开渠、建闸、迎水^⑩、暗洞^⑪诸诗，予亦妄有所作。嫫母^⑫捧心，里人^⑬却走，貌其美而愈形其媸^⑭。予亦有所不顾也。

楚郢^⑮ 王全臣^⑯ 书

康熙五十一年壬辰孟冬^⑰之吉

---

① 简端：简，古代用来写字的竹板。端，开头。此处为书籍之意。

② 榛莽：杂乱丛生的草木。

③ 奚：文言文疑问代词，相当于"胡""何"。

④ 连类：指将同类的事物连系在一起。

⑤ 伐善：夸耀自己的才能。

⑥ 没：隐藏，消失。

⑦ 爰：于是。

⑧ 次：同"此"，这，这个，与"彼"相对。

⑨ 剞劂：雕版、刊印。

⑩ 迎水：即迎水堤。位于渠首，是将河水引入渠道的长堤。

⑪ 暗洞：即涵洞，也称阴洞，多系排水沟穿过渠道的水工建筑物。

⑫ 嫫母：传说中黄帝之妻，貌极丑。后为丑女代称。

⑬ 里人：同里的人，同乡。

⑭ 媸：相貌丑陋，与"妍"相对。

⑮ 楚郢：即春秋战国时楚国都城，在今湖北省江陵县纪南城。楚郢为王全臣籍贯所在。

⑯ 王全臣：字仲山，湖北钟祥人。清康熙三十三年进士，任汲县知县、河州知府、宁夏监收同知、平凉知府、安西兵备道。任职宁夏时，主持开凿大清渠，广灌田亩，建造汉延渠魏信、王澄、唐铎涵洞，并对各渠道普遍进行疏通，改革春工用夫办法，宁夏府城绅民感其业绩，建生祠以祀之，其余不详。

⑰ 孟冬：冬季第一个月。即农历十月。

4

大清渠录总目

宁夏士民公刊上舒抚军 ① 渠务书序

　　唐 ②、汉 ③ 两渠并利吾宁者也。自河 ④ 势东徙，唐渠不能受水，则唐病。唐病，则借润于汉渠。汉亦因与之，俱病。官 ⑤ 斯土者，议浚议开，辄行辄止，优柔数十年，而卒 ⑥ 不

---

　　① 舒抚军：即舒图，清满洲人。任侍读学士，康熙四十四年授内阁学士，四十七年五月授甘肃巡抚。康熙四十九年三月解职。

　　② 唐：即唐徕渠，又名唐梁渠，习称唐渠，原开口于黄河青铜峡左岸"百八塔"之下，是宁夏引黄灌区最大的灌溉渠道。唐徕渠之名，最早始见于西夏《天盛改旧新定律令》。明万历《朔方新志》记载"唐徕渠亦汉故渠而复浚于唐者"，并招徕民众垦殖，遂名唐徕渠。元世祖至元元年郭守敬"更立闸堰"，疏浚通渠。明正统四年、成化六年加固闸坝，整修渠道。明隆庆六年汪文辉始建石正闸、退水闸。清顺治十五年、康熙四十八年、雍正九年、乾隆四年及四十二年疏浚大修。宣统元年由宁朔县靖益堡唐徕渠左岸开湛恩渠。1926年崔桐选整治灌溉。现干渠自河西总干渠唐正闸取水，全长316公里，承担6个市县120多万亩农田灌溉以及20万亩湖泊湿地生态补水任务。

　　③ 汉：即汉延渠。又名汉源渠，习称汉渠，原开口于黄河青铜峡出口左岸。汉延渠之名，最早始见于西夏《天盛改旧新定律令》，据清代钮廷彩《大修汉渠碑记》记载："汉之有斯渠，殆元封太初间。"元世祖至元元年郭守敬"更立闸堰"，疏浚通渠。明隆庆六年汪文辉建石正闸一座。清代先后多次组织大修。光绪二十九年和1914年两次上移渠口。中华人民共和国成立后，1962年兴建汉（汉延渠）并唐（唐徕渠）工程，将汉延渠改由唐徕渠头闸引水入王家河，于王家河和西河汇流处堵坝，开新渠7公里，入大清渠故道，至九道沟下接入原渠，变无坝引水为有坝引水，现干渠长88公里，设计流量70立方米/秒，灌溉面积46万亩。

　　④ 河：即黄河。

　　⑤ 官：当官，作官。

　　⑥ 卒：完毕，终了。

能挽河流东徙之势。戊子春，王公①来守吾宁。下车②之初，即殷殷以渠务为念。日往来於唐、汉之间，环顾周视，亦若一无有为者。秋九月，忽集绅③、士④、耆⑤、庶⑥而告之曰：百塔⑦之滨，河底有石，是可湃⑧也。湃之两渠之间，河势向西，是可渠也。渠之时，惊异者半，阻挠者亦半，然皆谓其事之未能必成也。公乃偕司⑨水。王公请命於观察使鞠公⑩，陬吉⑪动土，开渠数十里，延袤乎九堡，会归於唐来⑫，不费不劳，七日而工竣。开水之日，老幼聚观，河水建瓴⑬而至，咸称以为神。越⑭己丑，公复於新渠之上修闸建坝，一如唐、汉之式而更敞焉，号曰大清闸。汉则浚之使深，唐则疏之使通，而唐之口更筑湃数百丈挽彼东徙

---

① 王公：即王全臣。

② 下车：官吏到任。

③ 绅：旧指地方上有势力、有地位的人。

④ 士：古代社会阶层的等级之一，为贵族中等级最低者。

⑤ 耆：古称六十岁曰耆。指年老，六十岁以上的人。

⑥ 庶：百姓；平民。

⑦ 百塔：即青铜峡一百零八塔。是中国现存的大型古塔群之一，位于青铜峡水库西岸崖壁，坐西面东，依山临水，为西夏时期喇嘛式实心塔群。

⑧ 湃：即埧，是堤的俗称，有石埧、草石埧、草土埧之分，石埧和草石埧多用于渠首迎水（又称拦水埧）。当地对河渠堤习称为埧。

⑨ 司：视察。

⑩ 鞠公：即鞠宸咨。山东大嵩卫人，于康熙初中第，康熙四十一年任宁夏道，后任陕西按察使升甘肃布政使。

⑪ 陬吉：选取吉日。

⑫ 唐来：即唐徕渠。

⑬ 建瓴：指"建瓴水"，谓如汇雨之凹瓦上的雨水，形容居高临下、难以阻挡的形势。形容速度极快。

⑭ 越：及，到。

者西折而入。比年^①，三渠交流，大田多稼，我宁民欲纪^②其事而颂公之功也。愧笔俭墨啬，乏昌黎^③之才也。窃^④见公所上舒抚军书，其间规为筹画^⑤拨夫、派工之事，革弊剔奸之举，纤悉俱备。因举^⑥而寿之於石。后之览者，於此书可以知公之才，可以见公之心。而我宁民寿之於石之意，则欲司水利者读其文，究^⑦其理，因而恪守^⑧其法，以惠我宁民於千百世，固非徒颂公之功已也。若颂公之功，则闸坝亭亭，河流滚滚，直与唐、汉互峙，又何俟人之觀缕^⑨也哉。

康熙庚寅春月

西夏^⑩蒋承爵谨序

---

① 比年：近年。

② 纪：同"记"，记录。

③ 昌黎：指韩愈，唐代人。韩愈世居颍川，常据先世郡望自称昌黎（今河北省昌黎县）人；宋熙宁七年诏封昌黎伯，后世因尊称他为昌黎先生。

④ 窃：谦辞，指自己。

⑤ 画：同"划"。

⑥ 举：提出；列举。

⑦ 究：谋划；研究；探求。

⑧ 恪守：谨慎而恭顺地遵守。

⑨ 觀缕：委曲详述，极力刻划。

⑩ 西夏：即宁夏。

上舒抚军渠务书

康熙四十九年二月初四日，宁夏监收^①管理本镇仓场兼摄^②理刑^③、屯田^④、庆阳府^⑤同知^⑥加二级纪录四次^⑦王全臣，谨上书大宪台^⑧阁下：窃惟宁夏唐、汉两

---

① 监收：即监收同知。

② 摄：代理。

③ 理刑：即理刑同知。

④ 屯田：即屯田同知。

⑤ 庆阳府：北宋宣和七年改庆阳军节度为庆阳府，属永兴军路。金初改庆阳为安国军，旋改定安节度，皇统二年置庆原路总管府。元代仍为庆阳府。明时隶属陕西布政司，并增庆阳卫。清康熙四年分隶甘肃布政司，雍正五年裁卫归并郡县。清代府治安化（今甘肃省庆阳市庆城县）。辖：安化（今甘肃省庆阳市庆城县）、合水（今甘肃省庆阳市合水县）、正宁（今甘肃省庆阳市正宁县）、环县（今甘肃省庆阳市环县）共4县；宁州（今甘肃省庆阳市宁县）1散州。1913年废。

⑥ 同知：官名。府或州的副长官。宋代府、州、军有同知府事、同知州军事。元代因之，府或州设同知一员，为知府、知州的副职。清代同知为知府或知州的佐官，分掌督粮、巡捕、海防、江防、水利、牧马等事，分驻指定地点。

⑦ 加二级纪录四次：清代的一种官制，即加级，凡官员立有功绩或经考核成绩优良者，可交部议叙，给予纪录或加级的奖励（武职也称"功加"）。每加一级相当于纪录四次。加级共分三等，即：加一级、加二级、加三级。加一级之上又有加一级纪录一次、加一级纪录二次、加一级纪录三次；加二级之上，也有加二级纪录一次、加二级纪录二次、加二级纪录三次。自纪录一次至加三级，共有十二等。官员升职时，可将在原来职位上所得之加级改为纪录而随带至新任，唯加一级只能改为纪录一次。如在议叙时指明所加之级可随带者，则与兵部所叙军功之级相同，官职提升时，可以随带至新任。

⑧ 大宪台：清代地方官员对总督或巡抚的称谓。

渠乃民命攸关，四十八年正月内蒙宪台以职全①为能留心渠务者，谕②诚水利都司③王应龙尽力春工④，而令职全赞理⑤其事，幸仰藉⑥洪庥⑦，各渠皆已疏通，水行无阻，数十年不得涓滴之区今皆挹注⑧任意，是已睹厥⑨成效矣。然皆分所当为，力所能为，初无奇策异术裨益地方，乃蒙谬加奖，藉复以各渠情形及修浚利弊殷殷下询，诚痌瘝⑩民生体察末寮之至意也。兹谨为宪台详陈之。

宁夏，古朔方⑪也。黄河绕於东，贺兰⑫峙於西，相距

---

① 职全：职，卑职。全，王全臣。为王全臣对自己的称呼。

② 谕：清代由长官告晓属员的下行公文文种。

③ 水利都司：官职名，专司修浚，清代宁夏水利管理沿明代建制，雍正二年九月裁撤水利都司。

④ 春工：即岁修。指每年有计划地对渠道及其各种建筑工程进行维修和养护。

⑤ 赞理：代理；助理。

⑥ 仰藉：仰望依靠。

⑦ 洪庥：洪庇。洪福庇荫。

⑧ 挹注：将液体由一容器注入另一容器。

⑨ 厥：它的；他们的；它们的。

⑩ 痌瘝：痌瘝。谓关怀人民疾苦。

⑪ 古朔方：西汉武帝所置十三刺史部之一。辖境约当今宁夏银川市至壶口的黄河流域，北括阴山南北，南迄陕西宜川县、甘肃宁县一线。东汉建武十一年废入并州。唐、五代方镇名。唐开元九年（一说元年）为防御突厥置朔方节度使，后又称灵盐、灵武节度使，为玄宗时边防十节度经略使之一。治灵州（治今宁夏灵武市西南）。初领单于都护府，夏、盐、绥、银、丰、胜六州，定远、丰安二军，东、中、西三受降城。开元二十二年兼领关内道诸州，寻兼领邠州。其后分合不常。大历末始分灵、盐、夏、丰及西受降城、定远、天德二军为朔方管内。大顺初，只领灵、盐二州。光启三年后相继为韩遵、韩逊等所割据，五代初从属于梁。北宋废。

⑫ 贺兰：即贺兰山。位于宁夏与内蒙古交界处，北起巴彦敖包，南迄青铜峡市马夫峡子，呈北东走向，长220公里，东西宽20～40公里。唐代史籍普遍称贺兰山，因"山有树木青白，望如驳马，北人呼驳为贺兰"，故名。

或四五十里，或八九十里，远者亦不过百余里，南自唐坝堡①之分守岭②，北至威镇堡③之边墙④，仅二百七十五里，延袤不甚宽广，而中间所属宁夏卫⑤并左右二卫⑥及平罗所⑦，共辖五十二堡，约计田地九千八百二十九顷有余，其正供⑧除外，民纳银五百五十两八钱，身差纳银六百七十一两九钱，公用⑨纳银六百八十两九分，麦馔纳银七百五十两外，田土之赋计纳粮九万八千三百八十九石零，纳七斤谷草并年例秋青草，共三十八万三百二十一束零，纳坝草六十一万零，纳地亩银八百六十二两七钱五分零，其湖滩又纳潮碱银一千五百九十两八钱六分零，以幅员若彼以征输⑩若，此赋亦綦重⑪矣。况地土大半尽属沙碱，必得河水乃润，必得浊泥乃沃，古人於黄河西岸开浚唐、汉两渠，诚万世之利也。

四十七年春，职全莅任之时，值春工方兴，虽专司水

① 唐坝堡：即大坝堡，今宁夏青铜峡市大坝镇。

② 分守岭：位于今宁夏青铜峡市青铜峡镇。

③ 威镇堡：即今宁夏平罗县高庄乡威镇村。

④ 边墙：即长城。

⑤ 宁夏卫：明洪武九年设宁夏卫，系"九边重镇"之一。后又置前卫、左屯卫、右屯卫、中卫。五卫治所均设在今银川市兴庆区，清雍正二年裁卫置宁夏府，领灵州、宁夏、宁朔、平罗、中卫等1州4县。1913年废府。

⑥ 左右二卫：即左屯卫、右屯卫。

⑦ 平罗所：明为宁夏前卫平虏守御千户所，清初改"平虏"为"平罗"。雍正二年以平罗所置为县，隶宁夏府，辖堡73座，即今宁夏平罗县、惠农区、大武口区和贺兰县西北部。

⑧ 正供：指法定的赋税。

⑨ 公用：即地方公共使用经费。其包括办公用品的开支、官府衙门的日常政务开支、举办各类仪式和活动的开支、官场的各种交际费用等。另外，府县地方官员的纸札笔墨及油烛柴炭等办公及生活用品也用公用银开支。

⑩ 征输：征收赋税输入官府。

⑪ 綦重：极重。

利有员，而职全有查点夫役之责，遂随道宪①鞠②亲诣各渠细为勘验。窃查黄河自南而北，其入宁夏之处，两岸俱系石山，名曰峡口③，河初向东，北流入峡，微折注於西北，不一二里，即仍向东北出峡，峡之尽处，有一观音堂，古人於此傍石山之麓，开唐渠一道，渠口宽十八丈，深七尺，至先明宁夏道④汪公⑤讳⑥文辉者於右卫之唐坝堡地方，距渠口二十里，建石正闸⑦一座，闸之外建石退水闸⑧四座，正闸下入渠之水，以五寸为一分，止以十分为率⑨，水小则闭塞退水各闸，使水入渠，水大则开退水，以泄其势。其正闸系六空⑩，西四空为唐渠，东两空为贴渠⑪，每空各宽一丈。

---

① 道宪：对道台的尊称。

② 鞠：即鞠宸咨。

③ 峡口：指黄河青铜峡峡谷出口。

④ 宁夏道：清顺治二年置，治宁夏府（今宁夏银川市），辖宁夏一府地。1913年因与宁夏县同名，改为朔方道。1914年复名宁夏道，属甘肃省，辖宁夏、宁朔、灵武、盐池、平罗、中卫、金积、镇戎等县。辖区约今宁夏回族自治区中卫、同心、盐池3市县以北地区。1927年废。

⑤ 汪公：指汪文辉，江西婺源县人。明隆庆四年改工部主事御史，五年任宁夏佥事，督守河西道。在任期间提出了将唐徕、汉延二渠进水闸由木制改为石制，大幅减轻了民间疾苦。

⑥ 讳：对尊长避免说写其名，表示尊敬的心意。

⑦ 正闸：指干渠渠首进水闸。

⑧ 退水闸：位于重要渠系建筑物或险工渠段上游，为排除渠道中多余水量而修建的水闸，是渠系建筑物的一种。

⑨ 率：标准，限度。

⑩ 空：同"孔"。

⑪ 贴渠：具体开凿年代不详，明嘉靖《宁夏新志》便有记载。因与唐徕渠同口异闸引水，故名"贴渠"或"铁渠"。明隆庆六年，佥事汪文辉奏请改建石正闸。1977年扩整贴渠上段11公里作为大清渠引水渠，将大清渠引水口由原唐徕渠跃进桥移至贴渠口，在原唐正闸下500米处修建大清渠与贴渠分水闸。现贴渠改称为西贴渠，全长11.6公里，灌溉面积1万亩。

唐渠自闸以下，西北至玉泉桥①，名曰上上段，宽八丈，深三五尺，长五十里。自玉泉桥向东北流，复微转西至良田渠②口，名曰上段，宽七丈，深五六尺，长七十里。自良田渠口西北至西门桥③，名曰上中段，宽六丈，深七尺，长四十里。自西门桥西北至站马桥④，名曰下中段，宽六丈，深七尺，长六十里。自站马桥北至威镇堡稍止，名曰下段，宽三丈，深三四尺，长一百三里五分。合计共长三百二十三里五分。其贴渠一道，宽三丈五尺，深六尺，至郭家寺地方分为两稍：一至汉坝堡⑤地方稍止，长四十里，名曰旧贴渠。一至蒋鼎堡⑥地方稍止，长五十里，名曰新贴渠。此因唐渠正闸之东岸，地土甚高，故别引此渠，虽闸分两派，而实与唐渠同口，盖唐渠之附庸也。渠两岸之堤，及堵水之坝，俱名曰湃⑦（俗音摆）。沿湃居民，挖小渠以引水入田，名曰枝渠⑧，大者或百里，小者或数十里，及七八里不一。各於湃上建小木闸，以便蓄泄，名曰陡口⑨。唐渠东西两岸，共陡口四百三十六道。

旧例百姓有田一分者，岁出夫一名，计力役三十日，

---

① 玉泉桥：在今宁夏青铜峡市邵岗镇东方红村，现仅剩地名。

② 良田渠：唐徕渠支渠，创建年代不详，明正统《宁夏志》便有记载。1952年，唐徕渠整治时曾对旧渠口进行改造。20世纪60年代中期对渠道裁弯取直，并新建威羊堡退水闸。1974年新建唐徕渠良田渠节制闸时，移进入口于闸上。现长22.95公里，最大引水流量8立方米/秒，灌溉面积1万余亩。

③ 西门桥：在今宁夏银川市西门唐徕渠之上。

④ 站马桥：在今宁夏贺兰县常信乡四十里店村唐徕渠之上。

⑤ 汉坝堡：即今宁夏青铜峡市小坝镇。

⑥ 蒋鼎堡：即蒋顶堡，今宁夏青铜峡市瞿靖镇蒋顶村。

⑦ 湃：即堋，是堤的俗称，有石堋、草石堋、草土堋之分，石堋和草石堋多用于渠首迎水（又称拦水堋）。当地对河渠堤习称为堋。

⑧ 枝渠：同"支渠"，指自干渠引水的渠道。

⑨ 陡口：当地称渠口子，即今之支、斗渠口。

又纳草一分，计四十八束，每束重十六斤，又纳柳桩十五根，每根长三尺，此输将①定额②也。其或须用红柳、白茨、芨吉③（音夕吉，即席箕从俗）则於草内折收，每草一分，或折红柳四十八束，每束重七斤，或折白茨四十八束，每束重七斤，或折芨吉四十八束，每束重七斤，总名曰颜料④。或须用石灰亦於草内折银烧造，每草一束，折银一分。其草曰坝草，以备於险要处和土筑湃及启闭各闸，堵叠渠口也。桩曰沙桩，或钉闸底，或钉湃岸，使土坚固也。渠内水冲之处，必用土草筑一墩以逼水，而外用红柳、白茨护之，更钉以沙桩，名曰马头⑤。芨吉则绳缆之具也，或修理闸底，亦必用红柳、白茨铺垫，而以沙桩钉之，乃盖以石条，使无冲动之患也。

每岁冬余河冻之时，将渠口用草闭塞，名曰卷埽⑥。至清明日，派拨额设夫役，赴渠挑浚，文武各官分段督催，以一月为期，名曰春工。至立夏日，掣去所卷之埽，放水入渠，名曰开水。开水之后，田地正须浇灌，其法先委官闭塞上流各陡口，以逼水至稍，其名曰封。封之之际，各陡口仍酌量留水一二分，其名曰渼（即俵，从俗）。迨⑦水已至稍，乃开上流各陡口，任其浇灌，浇灌既足，又逼令

---

① 输将：指缴纳赋税。

② 定额：规定、固定的数额。

③ 芨吉：即笈笈。多年生草本科。杆多，叶细，<u>丛生</u>。通常生存在微碱土壤中，特耐干旱。

④ 颜料：即物料。渠道岁修应用草、木桩、红柳、白茨、笈笈、块石等的总称。

⑤ 马头：同"码头"，也称"丁坝"，以土石为主要建筑材料修筑，具有防御水流冲刷堤身或滩岸、改变水流方向、控导河势的作用。

⑥ 埽：是以薪柴、土、石为主体，以桩绳为联系建成的一种水工建筑物。用于抗御水流对河岸的冲刷，防止堤岸坍塌，还用来堵复堤防决口和截流工程。

⑦ 迨：等到，达到。

至稍。封与溉周而复始，上流下稍皆须浇灌及时也。唐渠、贴渠原灌宁、左、右三卫及平罗所共三十四堡田地六千二顷有余，卫所各官分段封溉，一岁须轮灌数次，乃获丰收。

至於汉渠，在唐渠之下左卫陈俊堡①四道河口地方，距唐渠口三十里，地形低洼，直迎河流，水势易入，其渠口宽三十一丈，深七尺五寸。先明宁夏道汪②距渠口十二里，於汉坝堡地方建石正闸一座，计四空，每空宽一丈，闸外建石退水闸三座，自正闸北至唐铎③桥，名曰上段，宽五丈，深六七尺，长六十五里。自唐铎桥西北至张政④桥，名曰中段，宽四丈五尺，深六七尺，长七十五里。自张政桥北至殷家夹道稍止，名曰下段，宽三丈，深五六尺，稍末宽一丈，长九十八里。共长二百三十八里。渠之东西两岸，共陡口三百六十九道，原灌溉宁、左、右三卫所属十八堡田地，共三千八百二十七顷有余。后因开导西河⑤，水势变迁，何忠堡⑥竟隔在河中，各自开引小渠，灌田三十余顷。今汉渠止⑦灌溉十七堡田地共三千七百九十七顷有余，其挑挖封溉⑧，与唐渠一例。此渠得水甚易，而又稍短田少，

①　陈俊堡：即今宁夏青铜峡市大坝镇陈俊村。

②　汪：即汪文辉。

③　唐铎：即唐铎堡，今宁夏永宁县望洪镇唐铎村。

④　张政：即张政堡，今宁夏银川市东郊掌政镇。

⑤　西河：系黄河岔河，始于黄河青铜峡出口，靠黄河左岸，故称西河。1962年之前，宁夏引黄灌溉渠道中的唐徕渠、汉延渠、大清渠、惠农渠均自西河引水。

⑥　何忠堡：即河忠堡，今宁夏灵武市新华桥镇河忠堡村。

⑦　止：同"只"。

⑧　封溉：为渠道灌溉均衡受水，每次放水后，须先将上中游和下游上半部分的支渠斗口封闭，逼水到稍，叫"封水"。在封水的同时根据干渠进水量的情况，对于上中游灌溉多和田高灌水较难的支斗渠，酌情分配给适当水量，即与稍段同时灌溉叫"俵水"。

所以通利如故。

比年①以来，惟唐渠淤塞过甚，滨②於废弃。居民虽纷纷借助於汉渠，不过稍分余沥，地之高者竟屡年荒芜，而汉渠反因以受困。职全细按唐渠之大病有三：一苦於渠口之不能受水也。相传先年③唐渠口下河中，有一石子沙滩，障水之势以入渠。厥后滩渐消没，河流偏注於东，而渠口竟与河相背，其入渠者不过旁溢之水耳。水之入渠也无力，遂往往有澄淤之患。一苦於地渠之不能通水也。唐坝以下，自杜家嘴至玉泉营④，尽系淤沙，每大风起，辄行堆积。唐渠经由於此，实为咽喉，向者以风沙之积也无□而去之实难，遂相与名曰地渠，盖因两岸无湃，与平地等，故名之云尔也。此处自来不在挑浚之列，因循既久，竟致渠底与两岸田地齐平，甚有渠底高於两岸田地者，较唐坝闸底约高三四尺，河水泛涨时，入渠之水非不有余，乃自入闸以来，至此阻梗，由是旁灌月牙、倒沙两湖，迫两湖既满，然后溢於渠内，徐徐前行，不知费几许水力，经几许时日，乃得过玉泉桥也。况有此阻梗，水势纡回，水未前行，而挟入之浊泥已淤积闸底数尺矣。一苦於渠身之过远也。水之入口者，原自无多，而又苦於咽喉之不利，以有限之水，流三百余里，供数百陡口之分泄，其势自难以遍给。若遇河水减落，则束手无策矣。

唐渠有此三大病，而又加以年年挑浚之法积弊多端，

① 比年：近年。
② 滨：同"濒"。
③ 先年：往年；从前。
④ 玉泉营：清朝驻扎在宁朔县的绿营军队，驻守范围在今宁夏青铜峡市邵岗镇一带。

如渠夫、渠草，除绅衿①优免外，豪衿②、地棍③及奸胥④猾吏⑤，肆意侵蚀，每将百姓应纳草束、沙桩，折收银钱，代为买备输纳，名曰包纳⑥。草则多系朽烂，桩则尽属短小，又巧立名色⑦，隐射规避。若桥梁，若陡口，倘有损坏，俱属官修，乃藉⑧称须人看守，每处免夫草一二分，名曰看丁，又曰坐免。甚至徒杠⑨亦有坐免，有力尽为看丁，即曰陡口须人启闭，未闻天下桥梁俱须设人看守也。是渠夫、渠草，只为奸积之利窟，而渠工已受病实多矣。每年兴工之时，并不查明某处淤塞、某处阻梗，量度工程之轻重，酌用夫役之多寡。唐渠自口至稍，止分三工五段，汉渠自口至稍，止分两工三段，如某工旧例用夫五百名，年年拨给五百，某段旧例用夫三百名，年年拨给三百。工轻之处，夫多怠玩，工重之处，夫实短少。且催纳颜料之役，必故为迟延，及时至工迫，各段督工者，即令挑渠之夫役采⑩取颜料，两岸园林庄柳，任其砍伐，微论⑪止，半供渠工，半充私橐⑫，额征颜料，尽被干没⑬，而所拨三百、五百之夫，亦止虚有其数而已。

---

① 绅衿：绅，绅士，有官职而退居在乡者；衿，指生员，泛指地方上体面的人。

② 豪衿：豪，强横的，有特殊势力的；衿，指生员，泛指地方上体面的人。

③ 地棍：地痞流氓。

④ 奸胥：旧指官府中巧于舞弊的小吏、衙役。

⑤ 猾吏：奸刁的官吏。

⑥ 包纳：谓承担代缴。

⑦ 名色：名目；名称。

⑧ 藉：同"借"。

⑨ 徒杠：指只可容人步行通过的木桥。

⑩ 採：同"采"。

⑪ 微论：犹言不用说，不要说。

⑫ 私橐：私人的钱袋。

⑬ 干没：侵吞他人财物。

渠道湾曲之处，东岸高者西必低，西岸厚者东必薄，以高厚者力逼水势，涮洗对岸也。每年挑浚之法，如夫一百名，止有三四十名在渠内取土，余五六十名俱排列高厚岸上，递相转运，一锹之土，经七八人之手。而对面低薄之岸，必不肯加帮尺寸，谓低薄岸底，必有涮洗深沟，恐因加帮撒土填塞，以致高厚者愈增，低薄者愈减，是以每年有冲崩之虞，水由湃底钻溃，其名曰耒，由湃上漫倒，其名曰坌^①，坌即漫也，耒即钻（去声）也，二字无所考据，文报^②率皆用之。或耒或坌，皆不肯加帮低薄所致也。

至渠夫则止由卫所经承派拨，贿嘱者派之路近而工轻，贫穷者派之路远而工重，名曰安渠。且将一段之夫，杂派数十堡之人，听其自赴工所，管工者莫知谁何^③。中有逃者，报官查册拘提^④，往返动至半月。而一堡之夫，又分派数处，必远至百里或二百里以外，使之奔走不遑，更将拨夫单内，故意填写错乱，使之赴各工段自行查问，总欲令民不得不致迟误，以便定取罚工。又，各工段设立委管^⑤、渠长^⑥等役，各五六人或七八人，每人免渠一二分，彼俱系用贿钻营充当者，一到工所，每名包折夫役十数名或二十名不等。更有豪衿、地棍指称旁枝小渠，请讨人夫或二三十名或五六十名，官必如数拨给，实无一名赴彼所请之处，伊等尽折钱分肥，是以额夫虽一万一千有零，其在渠挑浚者不过五六千人，而此五六千人又半系老弱，率多怠玩，官司^⑦

---

① 坌：方言，平地涌泉。

② 文报：指公文函件。

③ 谁何：何人。

④ 拘提：用强制力，使人在一定期间内，至一定之场所。

⑤ 委管：指分段督修渠工的人员。

⑥ 渠长：清代各渠负责催夫、征料的人员。

⑦ 官司：旧指官府。

查渠，止走大路，沿途问夫在何处，就彼查点。委管、渠长人等每日设人侦探，预知官司到来，即雇觅附近庄农充数，点后即散，甚且预知官司到来，令人夫於渠内挖土堆积如塔形，以堆土之高，诈为挑挖之深，使高低莫辨。官司一见，便夸称工好，并不问及上段如何、下段如何。官司去后，夫役仍将所堆之土，摊平渠内，其运上高岸者，不过数十锹。八段之内，官司必由之处，或挑挖数里，其僻远不到之处，亦夫役足迹之所不到也。总因两渠分为八段，每段必远至数十里，无一定之责成，无一定之程式，而奸棍又折去夫役，因循延至一月，遂相率而散。其未经挑挖者虽有十之六七，只谓工多夫少，付之无可如何。渠道之淤塞，实由於此。

职全於莅任之初，巡视渠工，窃见汉渠口之上，有一小渠，名曰贺兰渠，宽数尺，长十余里。乃前任宁夏道管①据居民所请开浚者，别引黄河之水，灌田数顷。职全上下查验，见河水直冲渠口，而第苦於口低身小，导引不得其方，莫能远达。乃谋诸司水王应龙请命於道宪鞠②，欲借此渠形势，另开一渠，以助唐渠水力之所不逮。道宪谓此渠曾奉前抚宪，齐据士庶呈请饬委惠安堡③盐捕厅④王惠民勘验形势，甚有裨益。后以工程浩大，约计役额夫万余，一月尚不能开，又虑修理闸坝，需费不赀⑤，遂尔中止，吾有志久矣，汝其力行之。职全谓用夫不得其法，虽数里亦觉艰巨，

---

① 管：即管竭忠。清代镶黄旗人，康熙三十六年任平凉府知府，三十八年任宁夏道，其余不详。

② 鞠：即鞠宸咨。

③ 惠安堡：即今宁夏盐池县惠安堡镇。

④ 盐捕厅：机构名，设盐捕通判一名，经理花马小池产盐区领运、分销及缉私之责，属宁夏府，驻今宁夏盐池县惠安堡。

⑤ 赀：计量。

若量土以计工，量工以派夫，此数十里之渠计日可成，渠若告成，闸坝自易易①也。

道宪乃令职全与都司役用额夫，距旧贺兰渠口之上三里许，直迎水势，另开一口，至马家庄地方，引入旧渠，而扩之使宽。行三四里至陈俊、汉坝两堡之交，即弃旧渠而西，引水由高处行，以达於唐渠。虽远至数十里，而庄园、丘墓②，皆绕以避之，毫无所伤。其所损田亩，尽为除厥差徭，居民莫不欢忻③乐从。於四十七年九月初七日兴工，至十三日渠成，十五日道宪亲诣渠口开水，不崇朝④而徧⑤注田间，自来高亢之地，一旦水盈阡陌，妇女孩童咸出聚观，惊喜之状，若出意外之获。其渠口上距唐渠口二十五里，下距汉渠口五里，乃右卫唐坝堡所属刚家嘴地方，口宽八丈，深五尺，渠身长七十五里二分。上三十里，宽四丈，深六七尺。下三十里，宽三丈五尺，深五六尺。稍末十五里二分，宽一丈六尺，深五尺。东西共陡口一百六十七道，灌溉陈俊、蒋鼎、汉坝、林皋⑥、瞿靖⑦、邵刚⑧、玉泉、李俊⑨、宋澄⑩九堡田地，共一千一百二十三顷有余，至宋澄堡地方，仍汇入唐渠。

---

① 易易：很容易。

② 丘墓：指坟墓。

③ 欢忻：欢喜欣悦。

④ 崇朝：崇，通"终"。即终朝，指从天亮到早饭时。有时喻时间短暂，犹言一个早晨。亦指整天。

⑤ 徧：同"遍"。

⑥ 林皋：即林皋堡，今宁夏青铜峡市小坝镇林皋村。

⑦ 瞿靖：即瞿靖堡，今宁夏青铜峡市瞿靖镇。

⑧ 邵刚：即邵刚堡，今宁夏青铜峡市邵岗镇。

⑨ 李俊：即李俊堡，今宁夏永宁县李俊镇。

⑩ 宋澄：即宋澄堡，今宁夏永宁县望洪镇宋澄村。

道宪见此渠阅数十年聚议止为道旁之筑^①者，今乃告成於七日之内，且相度形势，较盐捕厅向所勘验，引水更易。不觉喜形於色，谓移此用夫之法，以修唐、汉两渠不难，坐令各渠疏通也。於是於四十八年，竟以此渠闻之宪台，当蒙倡捐俸资，於陈俊堡地方，建石正闸一座，计两空，每空宽一丈，闸外建石退水闸三座。工既成，蒙命其闸曰"大清闸"，渠曰"大清渠"，职全复於闸上建桥房五间，左侧建游亭一所，其规模竟与汉、唐两坝鼎峙。

云此建闸之处，乃旧贴渠经由之地，贴渠较清渠高六尺有余，竟为清渠截断。职全乃造木笕^②，置诸闸后两旁石墙之上，中更用大木架之，傍桥房之栏，以渡贴渠之水。自西而东，笕宽四尺，长三丈，名曰过水。此不特^③贴渠无伤，而闸上闸下，水流交错，波声互应，风景实大有可观也。

彼陈俊等九堡田地，乃素用唐渠之水者，大清渠既成，则不须唐渠灌溉。其入唐渠之水，可使之直趋而下，而所省灌溉九堡之水，实足以补唐渠水利之不足，不患渠身之过远矣。况大清渠之余水汇入唐渠者，又能大助其势耶，唐渠之病去其一。至於唐渠口，则於黄河内筑迎水湃一道，用柳囤数千，内贮石子，排列两行，中间用石块、柴草填塞，上复用石草加叠，过於水面，更用大石块衬其根基。其湃宽一二丈，高一丈六七尺不等，自观音堂起至石灰窑止，共长四百五十余丈，逆流而上，直入峡内，中劈黄河五分之一，以为渠口。口宽至二十余丈，较旧渠口约高数尺，挽河流东注之势，逼令西折入渠，是迎水湃之力，已能逆水使之高，束水使之急，吞噬洪流，势若建瓴，不患澄淤矣。

---

① 道旁之筑：同"道傍之筑"，比喻无法成功的事。

② 笕：连接起来引水用的长竹管或长木槽。

③ 不特：不仅，不但，不只是。

而口又加宽，受水实多，渠内之水，赖以倍增，唐渠之病又去其一。历年不挑之地，渠则多用夫役挑浚，使之低於闸底，以通水路。两旁复立高厚湃岸，使渠流至此，得以疾趋，不致绕道於湖，水行既疾，则沙随水走，莫能淤积，唐渠之病又去其一。由是口内洋溢，咽喉无阻。向之唐渠以有限之水，灌溉三十四堡田地，共六千二顷有余，常虑不足者。今以有余之水，又省九堡之分泄，止灌溉二十五堡田地四千八百七十九顷有余，自无不余裕矣，不须借助於汉渠，而汉渠遂独专其利矣。

至若奉委协助都司挑浚各渠，则革尽从前积弊，惟遵道宪之明训，以开大清渠用夫之法为例。於清明兴工前一月，将汉、唐各渠，自口至稍，逐细查丈，更用水平①量其高低，如某处渠道淤塞，应挖深若干、宽若干；某处湃岸低薄，应筑高若干、厚若干；某处工重应用夫若干，某处工轻应用夫若干，预为造一工程细册。乃以额夫合算，除修理闸、坝、迎水及各大枝渠用夫若干外，计挑挖唐、汉、大清各渠，实止夫若干。於是量土派夫，每夫一日，以挖方一丈、深三尺为率。夫数既定，乃自下而上，挨堡顺序，如威镇堡在唐渠之稍，该堡额夫若干名，以土合算，应挖若干里，即定以里数，分立界限，开明②宽、深丈尺，令从稍末挖起，至分界处接连，即用平罗堡之夫，又接连，即用周澄堡③之夫。余俱逐堡顺派，以近就近，各照分定界限挑挖，其夫即用本堡堡长督率，每工开一丈尺细单，务令挑挖如式，挑挖之土，俱令加叠低薄湃岸，高厚之处不许妄排多人，致妨正工。其枝渠之大者，俱量度工程，拨给夫役，但往岁於

---

① 水平：用于测量高差的仪器。

② 开明：开列清楚。

③ 周澄堡：即今宁夏平罗县姚伏镇周城村。

各堡夫中混拨，今则止令受水之民自行挑挖，夫数或稍减於旧额，而用工则不啻^①数倍。至十余里及三五里之小枝渠，即算入正渠工程之内，一并挑浚，不另拨夫役，以杜隐射包折之弊。

职全复每日於渠身内往返<u>巡查</u>，如某堡分工几里，其挑挖不合单开丈尺，致渠底不平，或低薄之岸，筑叠不坚，即责究堡长。工程无包折之弊，夫役无远涉之劳，而逐段皆有责成，皆有程式，自相率尽力，不敢怠玩。况兴工之后，复蒙宪台遣標^②下守戎王捷，督查其工，又蒙廉察坝草六十一万，不无侵渔，特对半减免三十万有余。民间有田一分，旧例纳草四十八束者，今止纳二十四束。以是宁民踊跃趋事，争先恐后，各渠疏通无阻，湃岸又极坚固。所以立夏开水^③之日，黄河水不加增，而每年开水月余，水不能到梢者，今不过四五日，梢末即浇灌徧足矣。镇城以北，往年不沾涓滴者，今且徧种稻、稗^④矣。宁镇各渠之情形及修浚之利弊如此，此皆宪台標下守戎王捷所目击者也。

独是职全革弊太尽，立法太严，委管、渠长尽遭革除，豪衿、地棍势难包折，隐射之弊俱为清出，枝渠之夫不能分肥，而奸胥、滑吏岁岁恃渠工以填溪壑^⑤者，今且无所施其巧。是数万生灵虽云受利，而积年奸宄^⑥未免侧目矣。窃思古人之於渠务，额设有夫，力役有期，物料有备，分五工分八段，使各尽其力，立法何尝不善。迄於今非徒无益，

① 不啻：不止、不仅；如同。此处意为不止、不仅。
② 標：同"标"。
③ 开水：即打开闸门，放水入渠，开始灌溉。
④ 稗：一年生草本植物，长在稻田里或低湿的地方，形状像稻，是稻田的害草。果实可酿酒、做饲料。
⑤ 溪壑：山谷中水所流聚的地方。
⑥ 奸宄：犯法作乱的坏人。

而又害之。总皆趋利之辈，作弊於所忽，坏法於不觉，竟使利民者反以累民，古人立法之美意，泯没殆尽。职全亦何人斯，安保其所立之法，不即坏於旋踵①也耶？伏祈严饬司水利者，每年以去岁春工为例，而再为神明变通於其间，不使已效之法复致更张，已通之渠复致淤塞，宪恩直与河流并永矣。

缘奉钧谕，详悉敷陈，故不揣冒昧，琐屑妄渎，并绘具渠图呈电。伏惟俯赐详察，职全幸甚，地方幸甚。

公讳全臣，字仲山，楚郢名进士也。性情才学俨然古之醇儒。所上舒抚军一书，立德、立言、立功均堪不朽。说者谓天怜吾宁，特令公来补汉、唐未竟之业，且为渠工立百世不易之法也。其信然欤。士民之寿诸石也固宜。

七十二老人张瑞隆谨跋②

---

① 旋踵：掉转脚跟，比喻时间极短。

② 跋：文章或书籍正文后面的短文，说明写作经过、资料来源等与成书有关的情况。

渠图弁言^①

天下郡县所在莫不有图，然所为图者，率皆委诸画工，涂以丹青，其为用也不过赍^②呈上官苟^③应故事已耳。宁夏地界沙漠，民以渠水为命，图较他处为详。有心斯民者，往往於宁图三致意焉。匪为图也，凡以为渠也。今日之渠，岂犹是昔日之渠也哉。昔渠有二，而今得三。昔共传唐^④、汉^⑤，而今兼颂大清^⑥。使仍命画工图之，则依稀仿佛莫能辨厥^⑦形势，详厥源流。其不为覆瓿^⑧之具者几何矣。我司马^⑨王公，盖新开大清渠者也。渠成则绘之以图，图就则镌之以石。

则见夫两山相峙，滔滔出峡者，黄河也。河之滨，支分一派，西行以达於田间者，唐渠也。河之中，长堤百丈截流而挽之西趋者，公所筑唐渠迎水湃也。唐之下三十里，又一派支分者，汉渠也。汉之上，漭^⑩漭灏灏^⑪，豁然洞开，另辟一口，蜿蜒七十余里，折而归於唐渠者，公所开大清

---

① 弁言：前言，引言。因冠于篇卷的前面，故称弁言。

② 赍：把东西送给别人。

③ 苟：马虎，随便。

④ 唐：即唐徕渠。

⑤ 汉：即汉延渠。

⑥ 大清：即大清渠。

⑦ 厥：它的，他们的，它们的。

⑧ 覆瓿：喻著作毫无价值或不被人重视。

⑨ 司马：同知的俗称。

⑩ 漭：形容水浩荡无际的样子。

⑪ 灏灏：广大无际貌，形容水势浩大。

渠也。渠之内，新亭杰出^①，与汉、唐鼎峙，望之如蓬莱三岛^②者，公所修大清闸坝也。闸之后，断虹偃卧，琮琮琤琤^③，驾清渠而飞渡者，公所作过水笕也。斗口^④鳞次，村堡星分，而汤汤^⑤洋洋^⑥，无畦^⑦不入，公之所开大清渠以助唐渠且以裕汉渠也。今而后，何者宜修，何者宜筑，何者宜疏浚导引，披^⑧斯图也，了若指掌。兴水利而罔替，实以此为嚆矢^⑨。然则斯图所关綦重矣，苟应故事云：乎哉！

公以余言为简，尽命弁诸石。余曰：诺。

时康熙庚寅季春^⑩之吉

西夏李萤谨识

---

① 杰出：特出；高耸。

② 蓬莱三岛：指古代神话传说中仙人居住的三座神山。分别为蓬莱、方丈、瀛洲。

③ 琮琮琤琤：琮琤，象声词，形容敲打玉石的声音、流水的声音。

④ 斗口：即陡口，当地称渠口子，即今之支、斗渠口。

⑤ 汤汤：水势浩大、水流很急的样子。

⑥ 洋洋：水势盛大的样子。

⑦ 畦：田园中分成的小区。

⑧ 披：打开，散开。

⑨ 嚆矢：响箭。因发射时声先于箭而到，故常用以比喻事物的开端。犹言先声。

⑩ 季春：农历三月，即春季最后一月。

书渠图后

予以戊子春莅宁夏，值渠工方兴，故事集绅、士议渠。盈庭聚讼，各执其是。索观其图，则画工所绘形势茫然。夫宁政惟渠务为最重，奈何率略其图也。予固疑所议者皆臆度矣。迨遍历汉、唐，体察形势，乃知汉之病以唐分其润，唐则病於口之无唇，咽喉之不利，且腹大身长，力难充周。向^①者何未议及也？爰告绅、士，欲於唐之下开一渠，以助其力，欲於唐之口筑一湃，以补其唇。议者皆谓事必难成，即成矣，亦无济。辨争之余，且滋阻挠。予矫^②而行之。幸数十里之渠以^③开，数百丈之湃亦竣，因^④势乘^⑤便，更为利厥咽喉，河流直入，遍满田间。向之阻者，且称颂以为神。呜呼！亦何神之。有水则顺其性，工则覆其实，如是焉而已矣。然惟胸有全图，故敢矫众议而独行也。於是绘胸中之图，镌之於石。非敢以示后人，聊用佐议渠者之谈柄云尔。

康熙庚寅春月

王全臣书

---

① 向：副词。以往，从前。

② 矫：拂逆，违背。

③ 以：同"已"。

④ 因：凭借，依靠。

⑤ 乘：凭借，依靠。

重修暗洞记

渠之有暗洞①也，古所设以泄水者也。

河流②自南而北，各渠引之西北行，以溉民田。溉田之余水，散注於各湖。湖与湖递相注，而仍东泄於河。其所由泄之路，则穿汉渠③之底而出。汉渠南北流於上，而穴其下若桥洞然。虽高止数尺，广止丈余，而渠与两岸之堤宽至十有余丈，洞之长亦如之。深藏地中，潜渡伏流，望之幽邃杳冥，故曰暗洞也。厥洞惟三，在魏信堡④者曰上洞，在张政堡⑤者曰中洞，在王澄堡⑥者曰下洞。古人之於渠工，计其蓄，复计其泄，良法美意，亦至详且尽矣。

予莅宁之初，巡历郊原，第见夫各渠率多壅塞，民田强半荒芜。每经过暗洞，或告予曰："水满则溢，此乃泄之也。"予虽目击其崩溃填淤，忽焉不介於心。盖环顾阡陌之间，求涓滴以润涸辙，尚戛戛乎难之，焉用泄为？意谓古人为此，似亦过计。迨其后创开新渠，疏通唐⑦、汉⑧，水於是乎有余，田间水满，乃注於各湖。湖不能容，遂溢而为害。夫乃叹古人之良法美意，皆毁於后之人之忽不究心耳。

---

① 暗洞：即涵洞，也称阴洞，多系排水沟穿过渠道的水工建筑物。

② 河流：指黄河。

③ 汉渠：指汉延渠。

④ 魏信堡：即今宁夏永宁县胜利乡许旺村。

⑤ 张政堡：即今宁夏银川市东郊掌政镇。

⑥ 王澄堡：即今宁夏贺兰县立岗镇王澄村。

⑦ 唐：指唐徕渠。

⑧ 汉：指汉延渠。

呜乎！靡不有初，鲜克有终，伊谁之咎欤？苟不早为之所，倘一倾颓，汉渠且截然中断。奚可哉？乃日夜思，所以修葺之，无如工大费繁，计无所出，未敢遽宣诸口。

辛卯冬，诏蠲①次年租赋，予欣然曰："暗洞可修矣"。正供②中有所谓麦馔者，岁赋七百余金，往例不赋之於丁地，而赋之於渠夫，每岁於额夫万有二千之中，轮抽五百人免其力役，俾纳麦馔。今租赋既蠲，则此五百人者，例仍归诸渠，向者渠工浩大，尚可少此五百人，兹渠已垂成，又焉用之？竟以助修暗洞可也。

张政之洞，原甃③石为之，第岁久欹④损耳。魏信、王澄较张政之洞为更大，乃尽系木植，易於敝坏，若俱易之以石，更足垂诸久远。爰综核而量度之，三洞之中为补葺为更易。

应用石几何、木几何、灰草几何、工匠几何，会⑤计既定，乃即壬辰春浚之。先於麦馔五百人中以三百人措置一切物料⑥，以二百人採石於山，示以尺寸。而检罚去岁春工之误工者数百人，使运之。其或不足，则酌拔额夫以助之。罚工惟重，他则较浚渠稍轻，盖使小民易於趋事也。春浚工兴，众役毕集，不越月而告成。魏信、王澄之间，伟然两石洞，直与在张政者并垂诸久远矣。

由是於各湖上下，水所由行之路，尽疏之使通，以导其流。夏秋之际，田间水满如故，而各湖之滨且洞而为田。溢之害，吾知免矣。古人之制可复，予亦可告无

---

① 蠲：除去，免除。

② 正供：指法定的赋税。

③ 甃：砌、垒。

④ 欹：同"攲"，倾斜不正。

⑤ 会：计算，总计。

⑥ 物料：渠道岁修应用草、木桩、红柳、白茨、笺笺、块石等的总称。

罪矣。或曰："不费不劳，而使水有所蓄，复有所泄，皆司马之功也。"或曰："水利自有专司，君何越俎以任劳怨，且不殚①烦耶？"

嗟乎！今日暗洞修，而渠之事功始备，予之志愿乃毕。予何功焉，特复古制云尔。若夫身任民牧②，则民事宜亟，越俎之讥，予固不辞也。后之君子，实用心於蓄泄之间，而不使古人之良法美意，湮没於忽不究心者流，斯予之愿也已。

康熙壬辰仲秋③

王全臣记

---

① 殚：竭尽。

② 民牧：谓治理百姓的君王或官吏。

③ 仲秋：秋季的第二个月，即农历八月。

司马王仲山① 新渠告成邀余开水喜而有作

鞠宸咨②

两坝③中间势可疏，
年年对此独踌躇。
计工奚止增千百，
董④事难将任吏胥。
畚锸⑤才闻过蒋鼎（堡名，新渠经由於此），
波涛倏⑥报会唐渠。
沿途童叟争罗拜，
道我经营未敢居。

---

① 司马王仲山：即王全臣。

② 鞠宸咨：山东大嵩卫人，于康熙初中第，康熙四十一年任宁夏道，后任陕西按察使升甘肃布政使。

③ 两坝：宁夏引黄灌区汉延、唐徕两渠自黄河引水的进水闸坝。

④ 董：指监督管理。

⑤ 畚锸：挖运泥土的器具。引申为土建之事。

⑥ 倏：极快地，忽然。

喜二弟创开大清渠

王余臣 [①]

引得黄流入大田，
盈阡盈陌水涓涓 [②]。
马头 [③] 父老争相庆，
人力须知可胜天。

---

① 王余臣：王全臣之兄，其余不详。
② 涓涓：细水缓流的样子。
③ 马头：同"码头"，也称"丁坝"，以土石为主要建筑材料修筑，具有防御水流冲刷堤身或滩岸、改变水流方向、控导河势的作用。

戊子秋创开新渠号曰大清渠，旬日之间，水盈阡陌，窃喜其功之倖^①成也，赋此。

王全臣

寻得河流势可通，
好乘农隙便鸠工^②。
万人力役三秋后，
百里渠成七日中。
预计支分忙父老，
传声水到走儿童。
余波更足资汉唐，
处处应看岁事丰。

---

① 倖：谓侥幸。指由于偶然的原因而得到成功。
② 鸠工：指召集工人。

大清闸落成（二首）

王全臣

予於汉、唐两渠之间增开一渠，盖助两渠水力也。观察使鞠①公达之。舒大中丞②命予建正闸一、退水闸三，造桥房，置旗亭，规模仿佛唐、汉，而闸后又作木笕以渡他水，风景更有可观。爰作长句以纪之。

规模直与汉唐同，甃③石浮杠落彩虹。
远近萦纡④分上下，纵横挹注任西东。
惟知顺水行无事，敢谓开渠辄有功。
最是亭成临孔道，喜闻过客话年丰。

顺导洪河入地中，汉唐得助益沖瀜⑤。
群氓⑥久食千秋利，此日新添一溉功。
沙际堤环春草绿，桥头额映晚霞红。
闲来徙倚虚亭下，翻爱旁流笕⑦向东。

---

① 鞠：即鞠宸咨。
② 舒大中丞：即舒图。
③ 甃：砌、垒。
④ 萦纡：盘旋弯曲；回旋曲折；萦回。
⑤ 沖瀜：水深广貌。
⑥ 氓：古代称民为氓。
⑦ 笕：连接起来引水用的长竹管或长木槽。

宁夏王司马仲山创建大清闸告成邀涂子听菴与余同游分得乡字①

李　苏

疏凿千秋纪汉唐，
谁通一脉出中央。
两渠更见波涛壮，
九堡先闻黍稷香。
筧枕石梁虹截雨，
亭飞沙漠水为乡。
行行群拟游三岛，
不信蓬瀛②在朔方。

---

①　分得乡字：即分得字，指几人作诗，约定抽几个字作为押韵韵脚。此诗中必有一联某字落于所分之字。如此诗第三联便落于"乡"字。

②　蓬瀛：蓬莱和瀛洲。神山名，相传为神话故事中仙人所居之处。亦泛指仙境。

同李环溪游大清闸分得浮字

涂志遇

淹岁^①银川此漫游，
黄沙卷地不成秋。
只将九曲^②源源引，
便看余波处处流。
笕水高依桥上过，
旗亭直拟浪中浮。
汉唐鼎峙^③遥相接，
禾黍盈盈一望收。

---

① 淹岁：犹经年。
② 九曲：指黄河。因其河道曲折，故称。
③ 鼎峙：鼎立，三方面并峙。

同涂听菴李环溪游闸上戏分田塍二韵

王全臣

为惜膏腴等石田①，聊因就下引涓涓。
渠开荒野资群力，桥锁奔湍效往贤。
灌溉才周千顷地，氤氲②蚤③动万家烟。
旁流复导阑干外，错综高佢④景亦妍。

渠成水到泄云塍⑤，即看农工处处兴。
喜动两河观察使⑥，事闻分陕大中丞⑦。
殷勤命作千秋计，措置⑧欣逢比岁⑨登。
亭榭桥梁齐就绪，须知终始有师承。

---

① 石田：指多石而不可耕之地。

② 氤氲：烟气、烟云弥漫的样子；气或光混合动荡的样子。

③ 蚤：同"早"。

④ 佢：同"低"。

⑤ 塍：田间的土埂子，小堤。

⑥ 两河观察使：即鞠宸咨。

⑦ 分陕大中丞：即舒图。

⑧ 措置：安排料理。

⑨ 比岁：连年。

题大清闸

鞠宸咨

新渠^①水会旧渠流，
愧煞当年筑舍谋^②。
此日凭临亭子上，
浑如渡客济轻舟。

---

① 新渠：即大清渠。

② 筑舍谋：即筑室道谋，比喻做事自己没有主见，缺乏计划，一会儿听这个，一会儿听那个，终于一事无成。

过大清闸呈王司马

范时捷①

亭台四面水为邻，
唐汉中间结构新。
自昔两渠开朔漠，
而今三闸峙河津。
西流笕引东行巧，
百里功成七日神。
闻到鸠工如振旅②，
好将方略示同人。

---

① 范时捷：字子上，号敬存。清代汉军镶黄旗。大学士范文程孙。任参领，宁夏总兵。雍正元年四月署九月授陕西巡抚，二年十一月召京，三年迁镶白旗汉军都统，因与年羹尧事连罢都统。八年授散秩大臣护陵寝，十月任直隶提督，十二月署陕西提督。乾隆元年袭一等子，二年复任散秩大臣，乾隆三年四月卒。

② 振旅：整顿军队。

过大清闸（有引）

三兰游脚

唐喉哽咽灌溉难周，此地叹无禾久矣。今旁通曲引，沟浍^①皆盈，且亭台闸坝忽如天上飞来，何成功之速也。吁！易硗确^②而为沃壤，伊谁之力欤？用是疥壁^③以望后来作者。

一望平沙总不毛，当途底事^④置劳劳^⑤。
忽闻河转支流急，渐看额横斜照高。
牧竖^⑥行歌皆击壤^⑦，游人揽胜足挥毫。
神工更巧凭刳木^⑧，西控长鲸跨巨鳌。

道人不知何许人，诗既豪迈，字亦飞舞，玩之浑无烟火气。守丁谓其丰致飘逸。到闸上徘徊四顾，出囊中笔墨，掀髯微笑，题壁而去。噫！此固非漫游方外者也，读序语，又似熟游斯地者，何竟不留姓字於人间耶？貌其形，似摹之於石用志景慕之意云。王全臣识。

---

① 浍：田间水沟。
② 硗确：指多砂石、不宜种植的贫瘠土地。
③ 疥壁：谓壁上所题书画如疥癣，令人厌恶。亦以自谦诗画粗劣。
④ 底事：何事，什么事。
⑤ 劳劳：辛劳，忙碌。
⑥ 牧竖：牧牛羊的童子。
⑦ 击壤：即古代的游戏。将一块鞋状的木片当靶子，在一段距离之外用另一块木片对其投掷，打中则获胜。
⑧ 刳木：剖开木头将中心挖空。

大清闸

王余臣

　　开后更造木笕状如车箱，引唐渠支流飞渡栏外，上下纵横，水声相乱，竟足供人游览云。

> 百里渠成利已周，
> 更横木笕傍桥浮。
> 萦纡直使千郊润，
> 上下俄①惊十字流。
> 画栋巢新栖海燕，
> 盘涡波缓信沙鸥。
> 我归图与高堂②看，
> 应一开颜为点头。

---

① 俄：短时间。
② 高堂：称谓，指对父母的敬称。

迎水堤

王余臣

　　仲弟於青铜峡①内叠石为堤，障河流以入唐渠，万顷波中绵延数里，亦巨观也。

> 叠石嶙峋②破碧天，
> 平分巨浪汇山前。
> 半邀出塞黄河水，
> 遍泻荒郊斥卤田③。
> 漫拟④鲸横星宿海，
> 直疑虹驾斗牛⑤边。
> 汉唐闸坝高千古，
> 敢谓区区踵⑥昔贤。

---

① 青铜峡：黄河上游峡谷之一，位于今宁夏青铜峡市。
② 嶙峋：形容山石峻峭、重叠。
③ 斥卤田：即无法耕种的咸碱地。
④ 拟：类似；比拟。
⑤ 斗牛：二十八宿中的斗宿和牛宿。
⑥ 踵：继承。

唐渠口迎水堤告成（二首）

王全臣

欲引滔滔用不穷，先将百丈筑河中。
频移巨石填包瓯①，顿使天吴②徙水宫。
白塔③矶④前標⑤砥柱，青铜峡内卧长虹。
从今万顷桑麻足，可是区区一障功。

洪流出峡走奔雷，一道长堤筑水隈⑥。
只为矶头排浪去，漫将人力挽他回。
雪涛即看层层入，田鼓⑦应闻处处催。
利导曾无奇异策，惟教渠口有唇腮。

---

① 包瓯：裹束而置于匣中。

② 天吴：古代中国神话传说中的水神。八首八面，虎身，八足八尾，系青黄色，吐云雾，司水。

③ 白塔：即青铜峡一百零八塔。

④ 矶：突出江边的岩石或小石山。

⑤ 標：同"标"。

⑥ 隈：山水等弯曲的地方。

⑦ 田鼓：农人使用的鼓，多用于社祭和催耕。

司马仲山大清闸、迎水堤先后落成，予与宁民安享其利，爰纪始终六绝句，人曰：公亦与有力焉。则吾岂敢。

王应龙①

其一
古坝称唐汉，宁民受利多。
一从河势改，相望任蹉跎②。

其二
我来肩此任，疏浚两无成。
赖有贤司马，殷勤为我营③。

其三
程工师井地④，动众趁农闲。
旬日何曾满，渠开两坝间。

其四
更与唐口外，磊石筑长堤。
百丈迎铜峡，奔湍早向西。

---

① 王应龙：时任宁夏水利都司，其余不详。
② 蹉跎：指虚度光阴。
③ 营：筹划，管理，建设。
④ 井地：井田。

其五

渠成堤筑后，次第构^①亭台。

恍拟行三峡，涛声逐耳来。

其六

俵封^②随所憩，长短有邮亭^③。

禾黍高低绿，兰峰^④分外青。

---

① 构：同"构"，建造。

② 俵封：即封俵制度。

③ 邮亭：邮递活动中的一种设施，指古时传递文书的人沿途休息的处所或邮局在街上设立的收寄邮件的处所，看起来像一个亭子，有长亭和短亭之分。

④ 兰峰：指贺兰山。

游大清闸

王惠民 ①

宁人议开此渠久矣。予曾承委勘厥形势，以工大费繁，兼阻之者众，竟成筑舍之谋。仲山莅宁未几，渠开闸建，若行所无事②者。然予喜其功之不啻③己出也。漫成一绝。

昔年曾此审④源流，
遗憾工繁愿未酬。
今见规模同两坝⑤，
赏心殊异等闲游。

---

① 王惠民：时任宁夏盐捕通判，其余不详。
② 行所无事：指行为举止从容，不慌不忙，好像没有发生事情般。
③ 不啻：不止，不仅；如同。此处意为如同。
④ 审：勘查。
⑤ 两坝：宁夏引黄灌区汉延、唐徕两渠自黄河引水的进水闸坝。

予於灵武^①渠工不遗余力，今至银川^②观仲山所建大清渠闸规模宏敞，与汉、唐并峙，慨然有作。

祖良正

年年我亦浚秦渠，
地洞^③才通兴自如。
今日行来新闸上，
始知未读水经书^④。
（灵渠有地洞，予疏之乃得水）

---

① 灵武：县名。西汉惠帝四年置灵洲县，北魏置薄骨律镇，北周设灵州，隋设灵武郡，唐为灵州都督府和朔方节度使驻地，统七军府，辖三受降城、安史之乱肃宗李亨升灵州都督府为大都督府。宋咸平五年李继迁改灵州为西平府，西夏时西平府与兴庆府并称东西二京。元置州牧，属宁夏府路。明设千户所，直隶于宁夏卫。清废卫所，灵州为宁夏府直隶州。1913年改灵州为灵武县，属宁夏省，将灵武县东南之萌城、隰宁、惠安、盐积4堡划出并入盐池县。中华人民共和国成立之初，灵武县属宁夏省，政区分为1市6区，1950年吴忠市析出。1954年，宁夏省撤销并入甘肃省，设河东回族自治区，灵武县属之。1955年，又将郭家桥乡金银滩划属吴忠市。1958年成立宁夏回族自治区，灵武县属自治区管辖。1972年，成立银南地区，灵武县为所辖7县市之一。1996年，灵武撤县设市，交由吴忠市代管。2002年，灵武自吴忠市析出，由银川市代管。

② 银川：今宁夏回族自治区首府，在宁夏北部，西倚贺兰山，东濒黄河。

③ 地洞：即暗洞，涵洞，也称阴洞，多系排水沟穿过渠道的水工建筑物。

④ 水经书：即《水经注》。北魏郦道元撰，四十卷。为水经的注本，内容以水经一百三十七条水道为经，以记述地理、人物、古迹、景貌为纬，详述其支流至一千二百五十二条，文字比水经原书多出二十倍。对于山川景物描写生动，文辞隽美，为一部兼具地理及文学价值的著作。

过大清闸

李　山^①

每於秦^②、汉^③（灵武二渠名）阅春工，
遥望唐来^④（唐渠名）一苇通。
久叹膏腴成草莽，
谁将亭榭驾电虹。

---

① 李山：清代上元人，康熙四十六年任灵州营参将，五十三年任宁夏中卫协副将，其余不详。

② 秦：即秦渠，又名秦家渠，原开口于黄河青铜峡出口右岸，相传始创于秦代，与唐代七级渠有因成沿革关系。秦家渠之名始见于元大德七年。明万历十八年周弘礿将河东秦、汉二坝，依河西汉、唐坝筑以石。天启三年张九德于渠口下筑长堰，修猪嘴码头。清康熙时李山将进水闸砌以石底。乾隆三十八年改汉渠废口为上口，原口为下口。光绪三十四年陈必准修复猪嘴码头。1935年河水冲决秦渠细腰子堰，省建设厅督饬，两月工竣未误冬灌。中华人民共和国成立后，多次组织大修改造，1958年青铜峡水利枢纽开工，由导游明渠临时分水闸引水。1960年从电站8号机组尾水渠引水。1969年自河东总干渠余桥分水闸引水。现干渠全长60公里，灌溉面积16.1万亩。

③ 汉：即汉渠，又名汉伯渠，原开口于黄河青铜峡出口右岸，与汉光禄渠有因成沿革关系。《旧唐书·李晟传》记载，元和十五年李听曾疏浚光禄渠。清初顾祖禹《读史方舆纪要》记载："渠在灵州，本汉时导河溉田处也。"明天启二年，张九德创开芦洞。康熙年间祖良贞浚深闸底，增长迎水堰。乾隆年间黎珠将汉渠原口让于秦渠，于野马墩另设引水口，后又上延引水堰至杨柳泉。至中华人民共和国成立前，汉渠自峡口北流至灵武县胡家堡，尾水入涝河。中华人民共和国成立后，1958年青铜峡水利枢纽开工，由导流明渠临时分水闸引水，1960年青铜峡枢纽截流后，自电站8号机组尾水渠引水。1969年兴建河东总干渠后，自余桥分水闸引水。现渠道全长44.3公里，设计流量33.5立方米/秒，灌溉面积15.2万亩。

④ 唐来：即唐徕渠。

村村烟锁垂杨绿,
处处波摇晚照红。
今日偶从清闸过,
其传疏浚属王公。

抵宁夏过王司马大清闸

索　柱①

仗节理西彝，驱车赴宁夏。
行行抵汉唐，云胡三闸坝。
父老为我言，此是新开汊②。
唐口久淤塞，疏浚等筑舍。
欣逢王公来，独行不旁借。
七日新渠成，次第修台榭。
东西水难通，更将木笕架。
黍谷顿生春，高低纷穄秠③。
闸遵圣朝名，直与汉唐驾。
我闻三叹息，揽辔④看奔泻。
水以无事行，人於所过化。
功存贺兰间，垂泽百世下。
何日同公游，临流酌公斝⑤。

---

　　① 索柱：字海峰，满洲正黄旗人。康熙乙未科进士，官至工部左侍郎，其余不详。

　　② 汊：河流的分岔。

　　③ 穄秠：稻子。

　　④ 辔：驾驭牲口的嚼子和缰绳。

　　⑤ 斝：古代青铜制的酒器，圆口，三足。

绝句三首呈王司马

莽鹄立 ①

白塔山前水向东，唐渠疏浚总无功。
王公妙有苏公② 法，一道长堤筑浪中。
　　　（迎水堤）

两渠相望抱新渠，处处欢呼水有余。
闻道功成刚七日，此中经济③ 是何如。
　　　（大清渠）

巧夺天工一笕横，高低喜听叱④ 牛声。
亭台闸坝同唐汉，不愧标题号大清。
　　　（大清闸）

---

① 莽鹄立：字树本，号卓然。满洲镶黄旗人，伊尔根觉罗氏。康熙十一年生。任御史，雍正三年六月授大理寺卿，十二月迁兵部侍郎，四年改礼部、刑部侍郎，五年十月调甘肃巡抚，六年八月解任。后任正蓝旗满洲都统兼理藩院左侍郎。乾隆元年九月十八日卒，年六十五。谥勤敏。

② 苏公：即苏东坡。曾修筑苏堤。

③ 经济：经世济民。

④ 叱：大声呵斥。

过大清闸（有序）

李光辅①

辅家世靖鲁，居近黄河，所以引以灌田园者，惟桔槔②
是赖。吁！视宁夏唐、汉之受水，其劳逸大小，不啻鼯鼠③
为饮矣。议者欲开渠溉古城地千顷，官、民皆难之。兹见
吾师於唐、汉之中增开大清渠一道，逶迤七十余里，不旬
日而工竣。过斯渠也，宁无吾土之慨耶？

> 乌兰④高与贺兰⑤侔⑥，家住黄河最上游。
> 自喜涓涓随毂⑦辘，谁能浩浩遍田畴⑧。
> 沧桑势变唐非旧，疏浚功宏汉亦秋。
> 安得吾师过靖鲁，恩波为注古城头。

---

① 李光辅：清代靖远人，康熙丙戌科进士，其余不详。

② 桔槔：汲水的工具。以绳悬横木上，一端系水桶，一端系重物，使其交
替上下，以节省汲引之力。

③ 鼯鼠：鼠名，别名夷由，俗称大飞鼠。外形像松鼠，生活在高山树林
中。尾长，背部褐色或灰黑色，前后肢之间有宽大的薄膜，能借此在树间滑翔，
吃植物的皮、果实和昆虫等。古人误以为鸟类。

④ 乌兰：即乌兰山，在今甘肃靖远县南。

⑤ 贺兰：即贺兰山。

⑥ 侔：相等，齐。

⑦ 毂：车竿。

⑧ 田畴：田地。

大清渠桥亭落成为仲山先生赋

宋振誉

其一

春浚工将毕，桥亭喜落成。
棠阴①歌太守，榜额②属狂生。
（大清闸额字为余所书）
唐汉分三派，桑麻润九城。
欲知民乐利，波上数鸥轻。

其二

匠心君独运，结构面诸峰。
（桥旁另构别业，峡口诸山俱在目前）
眺望供游客，耕耘慰老农。
平沙飞白鹭，断岸卧苍龙。
得暇频来此，临流任倚筇③。

---

① 棠阴：棠树树阴。喻惠政或良吏的惠行。
② 榜额：即匾额。
③ 倚筇：拄着竹杖。

经大清闸口占①

孙王法

其一

小憩旗亭②四面凉，三三两两颂黄堂③。
而今开得清渠水，不似当年藉汉唐。

其二

频年於役向金城④，此处曾无澎湃声。
谁引黄河流大地，高低喜见绿波盈。

其三

亭台新葺汉唐间，挽得洪流去复还。
草色青青环九堡，余波更绕贺兰山。

---

① 口占：谓作诗文不起草稿，随口而成。

② 旗亭：酒楼。悬旗为酒招，故称。

③ 黄堂：古代州郡太守都在厅事墙上涂饰雌黄，以驱邪消灾，故称其厅事为黄堂。后泛指知府。

④ 金城：如金属铸成的坚固城墙。

庚寅春，予来司宁夏水利，读王君仲山上舒抚军书，载渠工利弊甚悉，迨巡历汉、唐，观迎水堤，阅大清渠，规划周详，治渠之能事备矣。予坐守其成，赋此志幸。

贝廷枢

初司水利总茫然，
漫读渠工书一篇。
只道敷陈①皆故事②，
谁知疏凿在当前。
长堤百丈横铜峡，
一口中开涌沸泉。
自幸无才多厚福，
行来到处遇名贤。

① 敷陈：详尽地陈述。
② 故事：旧事，先例。

游大清闸

王会臣

闻说新渠媲汉唐，
家书屡读拟寻常。
今看杰构①同瑶岛，
更爱残虹驾石梁。
夹道依依杨柳绿，
盈畴脉脉稻花香。
农夫备述功成易，
七日能开百里长。

---

① 杰构：同 "结构"。

庚寅春至朔方阅 ^① 二兄所开大清渠，蜿蜒数十里，可灌田千余顷，其闸坝竟鼎峙汉、唐，即此可为吾家治谱矣。敬成一律。

王念臣 ^②

　　　　　　少小翻经识贺兰 ^③，
　　　　　　天涯远拟不毛看。
　　　　　　宁知耕凿同中土，
　　　　　　谁道毡裘 ^④ 近可汗。
　　　　　　两坝原沾唐汉泽，
　　　　　　新渠今接斗牛寒。
　　　　　　他年我亦膺民社，
　　　　　　吏治如兄愧弟难。

---

　　① 阅：观看。
　　② 王念臣：王全臣之弟，其余不详。
　　③ 贺兰：即贺兰山。
　　④ 毡裘：亦作"旃裘"，古代北方民族用毛制的衣服，指代北方民族。

大清闸

王个臣 ①

新渠婉转抱青畴，
瘠壤於今溉有秋。
偏是游人来闸上，
独惊飞笕渡旁流。

---

① 王个臣：王全臣之弟，其余不详。

迎水堤

王个臣

河流东北注，
渠口傍西开。
不藉堤为障，
焉将势挽回。
逆迎铜峡去，
顺受雪涛来。
贾^①客操舟过，
应疑鲸吐腮。

---

① 贾：作买卖的人；商人。

庚寅春郊游见家严^①大清闸并迎水堤敬赋

王世圭 ^②

春风一路鸟频啼，
远近炊烟望欲迷。
闸坝川分增蓄泄，
亭台鼎峙互高低。
截流旁注凭飞笕，
拨浪中横倩障堤。
共道当年唐口塞，
而今滚滚到城西。

---

① 家严：即家父，对人称自己的父亲。
② 王世圭：王全臣之子，其余不详。

大清闸

王式琬

动众三秋后，
开渠百里长。
环郊田井井，
到处水洋洋。
闸坝司吞吐，
亭台峙汉唐。
经营①曾几日，
事业见遐荒②。

---

① 经营：规划治理。
② 遐荒：偏远的地方。

迎水堤

王式琬

河势嗟[①]东徙，
迎流妙有权。
堤身遥指峡，
人力竟回天。
余润村村足，
回波处处圆。
晚烟看横截，
两水浴婵娟[②]。

---

① 嗟：文言叹词。

② 婵娟：指月亮。

过大清闸

刘追俭①

莫谓神功属混茫②，
凭将疏凿辟榛荒③。
汉唐渠外添沟浍，
沙碛④滩头乐井疆。
亭带溪流山入座，
瀑飞笕道水翻梁。
我来下马还瞻眺，
牧笛声声弄夕阳。

① 刘追俭：清陕西泾阳人，举人。康熙年间任宁夏西路中卫儒学教授。
② 混茫：蒙昧，不开化。又作"混芒"。
③ 榛荒：指荒草丛生之地。
④ 沙碛：指沙滩、沙洲，也可指沙漠。

近体一首书王司马渠图碑阴后

朱 轼 [1]

奔腾浩瀚出毫端，

唐汉新渠次第安。

三闸平分均水力，

长堤突兀挽狂澜。

城依东壁知灵武，

云锁西山识贺兰。

自是韩陵石 [2] 一片，

行人莫作画图看。

---

[1] 朱轼：江西高安人，字若瞻，号可亭。康熙四年八月十一日生。康熙三十三年三甲进士。选庶吉士，历任湖北潜江县知县、刑部主事、郎中、光禄寺少卿。康熙五十四年四月授奉天府尹改通政使。五十六年调浙江巡抚，五十九年十一月迁督察院左都御史。雍正元年加太子太保，三年九月授文华殿大学士。乾隆元年充《世宗实录》总裁，九月十八日卒，享年七十二。赠太傅，入祀贤良祠。谥文端。著有《易春秋详解》《礼记纂言》《周礼注释》《历代名臣名儒循吏传》《仪礼节要》《史传三编》等。

[2] 韩陵石：韩陵山有座韩陵碑，上面雕刻的文章文采飞扬，受人称赞，谓即使片石也是宝贝，用以比喻文章写得好。

同宋佩劬观王司马渠图

孙王法

山自高兮水自深，
新渠旧坝好追寻。
劝君入眼无容易，
一寸工夫一寸心。

辛卯夏予请假归里，见唐、汉之间新增一渠，闸坝杰出，其唐口更筑迎水堤数里，皆司马王公之功也，诗以纪之。

师懿德①

几载重过百塔滨，
垂杨夹道晓烟匀。
亭台忽见开三闸，
疏浚惊传未一旬②。
笕卧桥头萦巧思，
堤横唐口吐长唇。
年来愧我劳王事，
谁意田园处处春。

① 师懿德：清代河南高龙镇师家寨人。曾任直隶石匣副将，康熙四十五年七月升为天津总兵官。四十八年七月为江南提督，五十三年四月改为甘肃提督。官终銮仪使。

② 一旬：十日为一旬。

朔方行为司马仲山先生赋

程　鹏

济世需豪杰，庸①庸尸位②多。

有怀莫获展，亦与庸同科。

往古来今皆坐此，乾坤建竖曾几何。

银川自古连沙漠，惟资渠水灌田禾。

年来河势向东徙，唐口高悬起幔③坡。

口渴喉干腹自燥，百肢血枯脉不和。

王公医国手，妙术遇华佗。

按脉诊视寻病源，寻得病源在中阿④。

因时以动众，力役无烦苛。

九堡最先沾乐利，七日顿教起沉疴。

堤筑长鲸迎雪浪，笕吐残虹驾石鼍⑤。

急沫抛鱼尺，新柳掷莺梭。

我闻古渠仅汉唐，岂意新渠汇洪波。

家家喜倾禳田⑥酒，处处遥闻击壤歌。

可知治水无奇策，禹驱巨灵⑦亦传讹。

---

① 庸：平常，不高明的。

② 尸位：指空居职位而不尽职守。

③ 幔：张在屋内的帐幕。

④ 中阿：丘陵之中。亦指山湾里。

⑤ 鼍：爬行动物，吻短，体长2米多，背部、尾部均有鳞甲。穴居江河岸边，皮可以蒙鼓。亦称"扬子鳄""鼍龙""猪婆龙"。

⑥ 禳田：在田间设祭，以求丰收。

⑦ 巨灵：即巨灵神，传说力大无穷，可举动高山，劈开大石。

直使塞北胜江南，屡过游亭费揣摩。

丈夫得展平生志，功业炳炳^①壮山河。

君不见贺兰矗矗郁嵯峨^②，黄河滚滚转盘涡^③。

公之新渠白练拖，汉唐中间常不磨。

---

① 炳炳：光彩照耀貌。

② 嵯峨：形容山势高峻。

③ 盘涡：水旋流形成的深涡。

古体四十八韵呈司马仲山先生（有序）

谢　鸿

　　宁渠之有汉、唐，古也。汉、唐中之有大清，非古也。予过而异之。耕者辍耕告予曰：兹渠也，盖王公见唐口雍淤，河势迁徙，开此以益唐而掖^①汉者也。公开渠仅七日，筑浒逾百丈，其亭台闸坝不旋踵而先后告成，一若神输鬼运者。功成之日，吾侪^②受公泽而莫名，欲以王公名^③诸亭。公惟不自居也。爰名之以大清。予闻之，第以古人求之，而不谓於东川别墅得亲炙之。回忆读公之文，复何幸睹公之行也。吁！吾人学古入官，不当如是耶？以儒术为经济，殆所谓正其谊不谋其利，明其道不计其功者欤？诗以纪之。

> 古之从政者，学而优则仕^④。
> 文章阐道德，经纶本书^⑤史。
> 随事有措施，国赖而民倚。
> 呜乎非吾徒，何足以语此。
> 王公命世^⑥才，荆楚名进士。
> 斯文^⑦之模范，宗庙之簠簋^⑧。

---

① 掖：即扶持，协助。

② 侪：等辈，同类的人们。

③ 名：命名。

④ 仕：做官。

⑤ 书：书写，记录。

⑥ 命世：著名于当世。多用以称誉有治国之才者。

⑦ 斯文：即儒士。

⑧ 簠簋：簠与簋。两种盛黍稷稻粱之礼器。

初试牧野①间，再试大夏②水。

在在③多异绩，十奇难尽美。

银夏古朔方，景物江南拟。

旧有汉唐渠，汤汤与㳽㳽④。

唐口久淤塞，河势向东徙。

挹⑤分汉余沥⑥，妇子嗟悬耜⑦。

譬⑧彼患躄⑨者，一肢已枯死。

依人千里行，婆珊⑩日积跬。

又若续凫⑪胫，截鹤以为累。

鹤凫两不完，吁嗟愚极矣。

底事⑫久因循，势阻於角掎。

咄哉此邦人，筑舍徒虚尔。

我公心忧伤，饥溺引己耻。

唐水欲远长，贺兰扩小沚⑬。

唯形审势度，不气使才恃。

纡折全丘墓，绕道环庐里。

---

① 牧野：地名。周武王克殷纣于此，在今河南省淇县南。指王全臣初当官的地方。

② 大夏：即宁夏。

③ 在在：处处；各方面。

④ 㳽㳽：同"弥弥"，水流盛满的样子。

⑤ 挹：舀，把液体盛出来。

⑥ 余沥：本指酒的余滴；剩酒。今多喻别人所剩余下来的点滴利益。

⑦ 悬耜：挂起农具。谓停止耕作，荒废农事。

⑧ 譬：打比方。

⑨ 躄：跛脚。

⑩ 婆珊：同"蹒跚"，犹蹒跚。指行走艰难。

⑪ 凫：水鸟，俗称"野鸭"，似鸭，雄的头部绿色，背部黑褐色，雌的全身黑褐色，常群游湖泊中，能飞。

⑫ 底事：何事，什么事。

⑬ 沚：水中的小块陆地。

计土以授夫，因臂而使指。

积弊尽厘剔，奸胥嗟穷技。

七日告厥成，大清渠名始。

闸坝次第修，屹然相表里。

更於唐口上，移石填包匦。

筑堤巨浪中，俨若蛟龙起。

挽水向西来，滔滔足耘耔①。

一朝善规画，万事乐秬秠②。

君子颂神功，随山刊木③比。

小人沐厚泽，户祝与家祀。

恒情际斯时，诩诩④窃矜喜。

公以名归国，臣心仍坎止⑤。

吾偶客边陲，饮马南塘泚⑥。

怀古吊汾阳⑦，元昊台⑧拖履。

英雄气概尽，曾不挂人齿。

填街⑨满口碑，惟颂奇男子。

少读公之文，私幸窥形似。

今复睹壮猷⑩，欣得凤凰髓。

---

① 耘耔：翻土除草，亦泛指耕种。

② 秬秠：秬与秠。秬是黑黍的大名，秠指一壳二米的黑黍。

③ 刊木：砍伐树木。

④ 诩诩：夸大的样子。

⑤ 坎止：遇险而止。

⑥ 泚：古水名。

⑦ 汾阳：即郭子仪，唐宝应元年，平定河中兵变有功，进封汾阳郡王。

⑧ 元昊台：北宋时期，白塔山一带为西夏占据，传说西夏李元昊曾经到此山中间坪台眺望宋军，故称"元昊台"。

⑨ 填街：充塞街道，谓其多。

⑩ 猷：同"猷"。计划，谋划。

曾过寓书斋，忻忻^①忘倒屣^②。

式玉而式金，愧彼肉食鄙^③。

逆旅^④吴下蒙^⑤，笑傲任跅弛^⑥。

长揖一醉别，缘悭^⑦再御李^⑧。

我皇极圣明，宵旰^⑨谋国是^⑩。

会须虚前席，劳公为聚米^⑪。

经济本儒术，今古同一理。

爰作纪事谣，用以代蒿矢^⑫。

---

① 忻忻：欣喜得意。

② 倒屣：典故名，典出《三国志》卷二十一《魏书·王粲传》。倒屣，倒穿着鞋。古人家居，脱鞋席地而坐。客人来到，因急于出迎，以致把鞋穿倒。后以倒屣形容主人热情迎客。又作"倒履"。

③ 肉食鄙：肉食者，吃肉的人，比喻享有厚禄的高官。肉食者鄙指有权位的人眼光短浅。

④ 逆旅：旅馆，客舍。

⑤ 吴下蒙：阿蒙，指三国名将吕蒙。原习武略，后听从孙权劝说，笃学不倦，几年之后，学识英博。见《三国志·卷五四·吴书·吕蒙传》裴松之注引《江表传》。后以吴下阿蒙比喻人学识浅陋。

⑥ 跅弛：放荡不检点。

⑦ 悭：缺欠。

⑧ 御李：典故名，典出《后汉书》卷六十七《党锢列传·李膺》。东汉李膺有贤名，士大夫被他接见的，身价大大提高，被称作登龙门。荀爽去拜访他，并为他驾御车马，回家后对人说："今日乃得御李君矣！"后因以"御李"谓得以亲近贤者。

⑨ 宵旰：即宵衣旰食，天未明就披衣起床，日暮才进食。形容勤于政事。

⑩ 国是：国家的重大政策

⑪ 聚米：即聚米为山。东汉马援，堆米成山，以代替地形模型，给皇帝分析军事形势、进军计划，十分明了，意为形象地陈述军事形势及险要的地形。

⑫ 蒿矢：响箭。因发射时声先于箭而到，故常用以比喻事物的开端。犹言先声。

辛卯岁再至朔方晤仲山先生辱示上舒抚军渠务书并大清闸、迎水堤诸诗，受而读之，固知儒者经济自是不同，爰作长句以附诸公之后。

上官法

去年杏花笼春雾，匹马大坝小坝路。

处处酒帘迓柳风，侧耳欢声歌来暮。

试问使君①政何如，屈指为言下车初。

宜民善政难悉数，第一独创大清渠。

慨彼汉唐两渠次，数十年来失水利。

五工八段负浚名，岁岁春工等儿戏。

稍②之不受口③不通，渠中沙碛隐隆隆。

包折夫草人横踞，谁其剔弊奏丰功。

公之来也深虑此，相度形势走百里。

了然成竹布胸中，力排众议成独是。

不因开凿毁墓田，不烦科敛④扰炊烟。

因其原夫度以土，计日量工董之焉。

高者下之狭者广，唐口更筑堤百丈。

引得黄河万派通，到处硗确成沃壤。

雁排云汉一天秋，千年水利七日收。

有如旱济及时雨，更如甘蔗润渴喉。

众论分嚣一时息，诸堡欣欣有喜色。

---

① 使君：指王全臣。

② 稍：指渠尾。

③ 口：指渠口。

④ 科敛：按定例分派捐款敛财。

此水之利利十千^①，比岁而登赖兹力。

我闻此语缓辔行，荡胸豁眼长桥横。

滔滔波逐两渠去，迈汉逾唐号大清。

今岁西成复流寓^②，场圃^③滞穗遗无数。

东川别墅挹德辉，消我鄙吝黄叔度^④。

读君所上中丞书，经济文章绰有余^⑤。

浩荡恩波垂百世，名不沾兮功不居。

余也旴江^⑥一草野^⑦，走笔而歌愧风雅。

君家世德本三槐^⑧，会见甘霖遍天下。

① 十千：极言其多。

② 流寓：在异乡日久而定居。

③ 场圃：农家种蔬果或收放农作物的地方。

④ 黄叔度：即黄宪，字叔度，号征君。东汉著名贤士，汝南慎阳人。世贫贱，父为牛医，以学行见重于时。代称器度恢弘的高士。

⑤ 绰有余：绰绰有余，非常宽裕，足以应付所需。

⑥ 旴江：汝水的别名。

⑦ 草野：指平民百姓。

⑧ 三槐：相传周代宫廷外种有三棵槐树，三公朝天子时，面向三槐而立。后因以三槐喻三公。

过大清闸

俞益谟①

唐汉平分万里流，
中添一道入青畴。
沿堤柳浪村村密，
刺水秧针②处处稠。
长笕涛翻桥闸外，
虚亭额映塞垣③秋。
春风策马频来往，
几度低回去复留。

---

① 俞益谟：字嘉言，号澹庵，别号青铜。清代宁夏中卫广武营（今宁夏青铜峡市青铜峡镇）人。康熙十二年武进士。后参加赵良栋提标营伍，初授陕西柳树涧堡守备。随赵良栋征讨四川，历任四川达州游击、广西郁林参将、两江督标中军副将、陕西大同镇总兵、湖广提督。康熙四十八年因与湖北巡抚赵申乔相互参劾而被处休致，次年返回宁夏广武。曾捐资为家乡修筑千金渠，办义学、置义田发展教育事业，并主修《朔方广武志》，著有《道统归宗》《青铜自考》《办苗纪略》等。

② 秧针：谓初生的稻秧。

③ 塞垣：指边塞、北方边境地带。

大清渠

马见伯[1]

其一

滔滔飞白浪，曲曲引黄流。

并势三渠下，分行九堡周。

波纹随鹭戏，藻带任鱼游。

从此溪田内，恒书大有秋。

其二

一望自汪洋，恩膏[2]偏朔方。

是田惟秬秠，无稼不茨梁。

帝载洵熙也，天工允代将。

为民兼为国，功德水流长。

---

[1] 马见伯：清代陕西宁夏（今宁夏银川）人。四川提督马际伯之弟。康熙中期武进士。历官至山西太原镇总兵，陕西固原提督。曾从征噶尔丹于洪敦罗阿济尔罕。康熙五十九年，参赞平逆将军延信军务。卒于打箭炉。

[2] 恩膏：恩泽。

汉渠之下旧有三暗洞泄各渠余水，岁久浸废，予重为修葺，且易以石，夏秋之交，竟免泛滥，诗以纪之。

王全臣

　　河流分泻汉唐中，并拖白练如双虹。
唐来（唐渠名）西绕兰山①麓，汉延（汉渠名）绵亘唐之东。
　　中间万顷纷挹注，余波总向湖中聚。
　　群湖婉转东归河，汉延堤高截去路。
　　古人立法妙有余，地底钻穴透汉渠。
　　就下能消群湖水，仿佛沧溟②泄尾闾③。
　　慨自河迁唐口咽，蓄之乌有焉用泄。
　　纵然古洞迹犹存，一任泥沙久埋灭。
　　大清渠开水洋洋，迎水堤成势更狂。
　　田间水满翻为虐，到处泛溢嗟怀里。
　　寻得古洞皆木植，支撑渠底苦无力。
　　经营石甃洞惟三，奥④若蛟宫不可测。
　　石梁潜架邃且幽，坚牢稳载汉渠流。
　　任他灌溉盈沟浍，暗把狂澜细细收。
　　老农欣欣喜相告，年来坞⑤蛙⑥产釜灶。

---

① 兰山：即贺兰山。

② 沧溟：大海。

③ 尾闾：古代传说中海水所归之处，现今用来指江河的下游。

④ 奥：深。

⑤ 坞：指四面高中间凹下的地方。

⑥ 蛙：同"洼"。

三洞赖我使君修，夏不旱兮秋不涝。

曾闻河源来自天，一曲伏流路几千。

可是天吴聊小试，暂移鲵穴到银川。

纷纷行客频过此，惊看渠底水渐渐。

道是策马历东阳，一派宫商^①清人耳。

使君政暇可郊行，洞侧清凉好驻旌。

为听澶湉^②河中去，尽是三渠击壤声。

予也闻之深愧谢，功以倖成劳奖借。

开渠修洞踵先贤，但愿岁岁宜禾稼。

---

① 宫商：古代五音中的宫音与商音，泛指音乐、乐曲。

② 澶湉：形容水流缓慢沉静，一说水深广貌。

过暗洞口号①

涂志遇

只道群湖海样宽，
何堪泛溢肆狂澜。
而今泄泄由三洞，
昏垫②无嗟万井安。

---

① 口号：即口占。谓作诗文不起草稿，随口而成。
② 昏垫：指困于水灾。亦指水患，灾害。

过暗洞有作

王余臣

禾黍高低水满渠，
仓箱①有庆乐徐徐。
只图九曲耒②星渚，
未解百川归尾闾。
泛滥於今明蓄泄，
潜消自昔有乘除③。
经营木石成三洞，
为趁春工众力纾。

---

① 仓箱：喻丰收。

② 耒：古代指耕地用的农具。

③ 乘除：比喻自然界中的盛衰变化，此消彼长。

题暗洞

刘追俭

其一
渠上滔滔巨浪春，
更看渠下走潜龙。
噌吰^①下上声相应，
疑是山行到石钟。

其二
可但清音到耳边，
回眸沧海已桑田。
须知绝胜桃源洞，
洞里人家别有天。

———

① 噌吰：形容钟声洪亮。

暗 洞

王世圭

每值秋风万宾成，
群湖汛处水骄横。
寻将古洞重修葺，
共听安澜日夜声。

暗　洞

王式琬

渠底惊看架石梁，
纵横上下水汤汤。
从今蓄泄随人意，
岁颂千仓与万箱。

壬辰二月，予抵水利任，甫数日遂值春汛。闻仲山王司马数年来尽力渠务，毫无遗憾，即今春拨夫、派工皆蚤^①已部署妥帖。予督浚至大清闸，见规模壮丽，喜而有作。

乔育正

大清额字耀坊头，
沟洫^②勤劳事事周。
笕吐长虹飞碧落，
堤拖素练入青畴。
渠西脉引渠东注，
桥上波同桥下流。
唐汉更闻都畅达，
我来私幸有成谋。

---

① 蚤：同"早"。
② 沟洫：田间水道。

题大清渠二首

蔡升元①

为怜膏壤弃边荒，七日功成百里塘。
引入河流沙碛里，凿开峡口贺兰旁。
支分九堡通沟浍，鼎峙三渠并汉唐。
作吏尽如君任事，不难到处乐丰穰②。

两渠中划大清渠，畚③筑无劳民力纾。
心画万家沟洫志④，胸藏一卷水经书。
岚光树色晴川外，鸿影鸥波夕照余。
浑似江南好风景，岂惟灌溉遍村墟。

---

① 蔡升元：字徵元，号方麓。浙江德清人，顺治九年生。康熙二十一年壬戌科状元。任修撰，少詹事。康熙四十三年五月授詹事迁内阁学士。五十六年授左都御史，五十八年十二月改礼部尚书（接陈诜），六十年葬假。康熙六十一年十月卒，年七十一。

② 丰穰：丰收。

③ 畚：用木、竹、铁片做成的撮垃圾、粮食等的器具。

④ 沟洫志：为《汉书》中的一篇，记述水利甚详。

过大清闸桥亭再赋

蔡升元

杨柳亭台楚楚，
小桥流水汤汤。
此日郇膏芃①黍，
他年召荫甘棠②。

---

① 芃：植物茂盛的样子。
② 甘棠：《诗经·召南》的一篇。为先秦时代华夏族民歌。全诗三章，每章三句。

过大清闸口占

吴应正

唐汉经营水脉通，
又看疏浚出神工。
两渠总汇中条内，
七日俄成万世功。
禾黍纷翻红穤秠，
亭台俯浸碧玲珑。
堤边更植千株柳，
底羡棠阴说召公①。

---

① 召公：西周初人。姬姓，名奭。初受采邑于召。佐武王灭纣，支持周公
东征，以功封于北燕，为燕国始祖，实由其子就封地。成王时为太保，与周公分
陕而治，治陕以西地。常巡行乡邑，听讼决狱治事，使侯伯乃至庶人各得其所。
后奉命营建雒邑，镇守东都，为西周开国重臣。卒，民思其政，作诗《甘棠》咏
之。谥康。

题大清闸

张文焕①

环郊一望柳掺掺②，
夹道阴浓涌翠岚③。
唐汉千秋渠是雨，
蓬瀛此日岛为三。
观成屡有丰年庆，
图始谁将重任担。
更筑苏堤④迎峡口，
直叫胜概拟江南。

---

① 张文焕：甘肃宁夏人。康熙三十年辛未科武状元。任头等侍卫，山西大同镇总兵。康熙五十一年迁贵州提督，五十九年九月署云贵总督。六十一年二月召京，十二月以病免职。

② 掺掺：形容女子手的纤美。

③ 翠岚：山林中的雾气。

④ 苏堤：即苏东坡所筑长堤。

司马王公邀饮大清渠上，见所创闸坝亭台直与汉、唐并丽，欢游竟日，赋此。

杜　森

亭台迥出汉唐间，
洞启轩窗解客颜。
曲折遥分铜峡水，
青葱直挹贺兰山。
欣游乐土拚[①]同醉，
坐到斜阳未肯还。
岸帻[②]高吟推谢奕[③]，
须知政暇有余闲。

---

①　拚：舍弃，不顾惜。

②　岸帻：推起头巾，露出前额。形容态度洒脱，或衣着简率不拘。

③　谢奕：字无奕，陈郡阳夏（今河南省太康县）人。东晋大臣，太常卿谢裒之子、太傅谢安长兄、车骑将军谢玄和东晋才女谢道韫之父。曾为桓温幕府司马，官至安西将军、豫州刺史。

大清闸

温如珪

兰峰插天青，黄流环其麓。
灌溉盈田畴，欢声动比屋①。
人皆为我言，惠邀王公福。
唐口水逝东，公将长堤筑。
更於唐汉间，辟新开沟渎②。
九堡泽先周，会归唐渠腹。
闸坝仿汉唐，横笕渡飞瀑。
以是屡丰年，无庸豚③蹄祝。
余也备边戎，幸其云龙逐。
亭上久徘徊，江南恍在目。
庚癸④杳无闻，刁斗⑤不烦肃。
匪特妇子宁，卒旅借安燠⑥。
题壁尽珠玑⑦，往来频诵读。
我欲扬丰功，徒惭貂尾⑧续。

---

① 比屋：家家户户。常用以形容众多、普遍。

② 沟渎：沟渠，水道。

③ 豚：小猪，亦泛指猪。

④ 庚癸：古代军中隐语。谓告贷粮食。

⑤ 刁斗：古时行军的用具。铜制，有柄，夜间可用以打更，白天可当锅煮饭，能容一斗米。一说一种小铃。

⑥ 安燠：舒适温暖。

⑦ 珠玑：比喻优美的诗文或词藻。

⑧ 貂尾：指续写的劣作。

呈王仲山先生绝句四首（有引）

秦弘历

　　银川，古朔方地，厥土斥卤，必藉润於河流。唐、汉两渠居人久食其利。自河势东徙，唐则病於口之无可容，汉则病於唐之分其润。数百里之沃壤几叹无禾矣。历久客关陇，熟闻司马王老先生新创大清渠，所以益唐掖汉，利济宁民者，规划至详且善，辄自恨未能履其地，目睹其形似也。甲午夏，策蹇①过之，见夫绿稼盈畛，黄流聒耳，其间亭台闸坝竟鼎峙汉唐。噫！经济本乎儒术，安在古今人不相及耶？漫成四绝句，愧未能工聊以作纪事之谣云尔。

　　　　　百里新渠七日成，高低禾黍水盈盈。
　　　　　创垂自昔称唐汉，补救於今得大清。
　　　　　　　　（大清渠）

　　　　　忽惊飞笕吐长虹，巧引西流复向东。
　　　　　小憩桥亭频眺望，此中兼有济川功。
　　　　　　　　（大清闸）

　　　　　青铜峡口塔山隈，河势东迁去不回。
　　　　　一道长堤标砥柱，挽他余润入唐来。
　　　　　　　　（迎水湃）

----

① 蹇：驽马，亦指驴。

塞外西风起暮愁，群湖泛滥不成秋。
年来修葺寻三洞，野水无声暗地收。

　　（暗洞）

参考文献

[1] 张廷玉．明史 [M]．北京：中华书局，1974.

[2] 赵尔巽．清史稿 [M]．北京：中华书局，1977.

[3] 贠有强，李习文．宁夏旧方志集成 [M]．北京：学苑出版社，
2016.

[4] 钟侃．宁夏古代历史纪年 [M]．银川：宁夏人民出版社，1988.

[5] 胡平生．民国时期的宁夏省 [M]．台北：台湾学生书局印行，
1988.

[6] 宁夏水利志编纂委员会．宁夏水利志 [M]．银川：宁夏人民出版
社，1992.

[7] 宁夏水利新志编纂委员会．宁夏水利新志 [M]．银川：宁夏人民
出版社，2004.

[8] 薛正昌．黄河文明的绿洲——宁夏历史文化地理 [M]．银川：宁
夏人民出版社，2007.

[9] 杨继国，胡迅雷．宁夏历代诗词集 [M]．银川：宁夏人民出版社，
2011.

[10] 杨继国，胡迅雷．宁夏历代艺文集 [M]．银川：宁夏人民出版社，
2011.

[11] 鲁人勇，吴忠礼，徐庄．宁夏历史地理考 [M]．银川：宁夏人
民出版社，1993.

[12] 张金城修，杨浣雨纂，陈明猷点校．乾隆宁夏府志 [M]．银川：
宁夏人民出版社，1992.

[13] 吴洪相．宁夏水利五十年 [M]．银川：宁夏人民出版社，2008.

[14] 吴忠礼，卢德明，吴晓红．塞上江南——宁夏引黄灌溉今昔 [M].

银川：宁夏人民出版社，2008.

[15] 杨新才.宁夏农业史 [M].北京：中国农业出版社，1998.

[16] 张元，李习文，海天相.长渠流润——唐徕渠历史与新貌 [M].
银川：宁夏人民出版社，2008.

[17] 马福祥，陈必淮.朔方道志 [M].天津：天津华泰印书馆，
1926.

[18] 王先谦.合校水经注 [M].北京：中华书局，2009.

[19] 谭其骧.中国历史地图集 [M].北京：中国地图出版社，1982.

[20] 陈育宁.宁夏通史 [M].银川：宁夏人民出版社，1993.

[21] 李学勤，徐吉军.黄河文化史 [M].南昌：江西教育出版社，
2003.

[22] 赵丽生.古代西北屯田开发史 [M].兰州：甘肃文化出版社，
1997.

[23] 吴忠礼.宁夏志笺证 [M].银川：宁夏人民出版社，1996.

[24] 宁夏政协文史和学习委员会，宁夏回族自治区水利厅.黄河
与宁夏水利 [M].银川：宁夏人民出版社，2006.

[25] 王岚海.宁夏水利史话 [M].银川：宁夏人民出版社，2018.

[26] 刘建勇.宁夏水利历代艺文集 [M].郑州：黄河水利出版社，
2018.

[27] 雷荣广.清代文书纲要 [M].成都：四川大学出版社，1990.

[28] 许容监修，李迪等撰，刘光华等点校.甘肃通志 [M].兰州：
兰州大学出版社，2018.

[29] 朱彭寿.清代大学士部院大臣总督巡抚全录 [M].北京：国家
图书馆出版社，2010.

大清渠錄

大清渠錄曷錄乎爾蓋錄子所作之書與記並錄諸公所

贈之詩與文也客曰斯錄也不亦近於德政頌而貽自譽

之譏乎予應之曰民以食為天而寧渠又天之天也我

皇上軫念民依至諄且切凡地方利弊莫不上厪

睿慮士君子身膺外吏職司民社我

皇上即以此一方利弊委任之有可興之利應除之弊而不悉

心興除是自負職司卽大負

簡畀之至意矣予抵寧夏任見各渠濱於廢棄竭力修濬亦祇

期無負職司云爾乃寧夏士民以予所作書與記勒之於

石而遊覽諸公咸贈以詩文夫子所作書與記既爲士民
勒諸石矣而諸公所贈不集諸簡端公之世好使明月之
珠淪於瓦礫連城之璧掩於榛莽奚可哉然則子之區區
錄此者蓋錄諸公所贈之詩與文而連類以及不能不兼
錄子之書與記也客曰有是哉不伐善更不没人之善於
斯錄而兼有焉爰敘次本末以付剞劂至所錄開渠建閘
迎水暗洞諸詩予亦妄有所作嫫母捧心里人却走貌其
美而愈形其媸予亦有所不顧也楚郢王全臣書
康熙五十一年壬辰孟冬之吉

三

寧夏士民公刊上舒撫軍渠務書序

唐漢兩渠並利吾寧者也自河勢東徙唐渠不能受

水則唐病唐病則借潤於漢渠漢亦因與之俱病官

斯土者議濬議開輒行輒止優柔數十年而卒不能

挽河流東徙之勢戊子春王公來守吾寧下車之初

卽殷殷以渠務爲念日往來於唐漢之間環顧周視

亦若一無有爲者秋九月忽集紳士耆庶而告之曰

百塔之濱河底有石是可湃也湃之兩渠之間河勢

向西是可渠也渠之時驚異者半阻撓者亦半然皆
謂其事之未能必成也公乃偕司水王公請命於觀
察使鞠公陬吉動土開渠數十里延袤乎九堡會歸
於唐來不費不勞七日而工竣開水之日老幼聚觀
河水建瓴而至咸稱以爲神越已丑公復於新渠之
上修閘建壩一如唐漢之式而更嚴焉號曰大清閘
漢則濬之使深唐則疏之使通而唐之口更築埧數
百丈挽彼東徙者西折而入此年三渠交流大田多
稼我寧民欲紀其事而頌公之功也愧筆儉墨嗇乏

昌黎之才也竊見公所上舒撫軍書其間規爲籌畫
撥夫派工之事革弊剔奸之舉纖悉俱備因舉而壽
之於石後之覽者於此書可以知公之才可以見公
之心而我寧民壽之於石之意則欲司水利者讀其
文究其理因而恪守其法以惠我寧民於千百世固
非徒頌公之功已也若頌公之功則閘壩亭亭河流
滾滾直與唐漢互峙又何俟人之覼縷也哉康熙庚
寅春月西夏蔣承爵謹序

上舒撫軍渠務書

康熙四十九年二月初四日寧夏監收管理本鎮倉
場兼攝理刑屯田慶陽府同知加二級紀錄四次王
全臣謹上書大憲臺閣下竊惟寧夏唐漢兩渠乃民
命攸關四十八年正月內蒙憲臺以職全為能留心
渠務者諭誠水利都司王應龍盡力春工而令職全
贊理其事幸仰藉洪庥各渠皆已疏通水行無阻數
十年不得涓滴之區今皆挹注任意是已覩厥成效
矣然皆分所當為力所能為初無奇策異術禆益地

方乃蒙謬加獎藉復以各渠情形及修濬利弊殷殷

下詢誠恫瘝民生體察末寮之至意也兹謹爲憲臺

詳陳之寧夏古朔方也黃河遶於東賀蘭峙於西相

距或四五十里或八九十里遠者亦不過百餘里南

自唐壩堡之分守嶺北至威鎮堡之邊墻僅二百七

十五里延袤不甚寬廣而中間所屬寧夏衛并左右

二衛及平羅所共轄五十二堡約計田地九千八百

二十九項有餘其正供除外民納銀五百五十兩八

錢身差納銀六百七十一兩九錢公用納銀六百八

十兩九分麥饌納銀七百五十兩外田土之賦計納

糧九萬八千三百八十九石零納七斤谷草并年例

秋青草共三十八萬三百二十一束零納壩草六十

一萬零納地畆銀八百六十二兩七錢五分零其湖

灘又納潮嶮銀一千五百九十兩八錢六分零以幅

幀若彼以徵輸若此賦亦綦重矣况地土大半盡屬

沙礆必得河水乃潤必得濁泥乃沃古人於黄河西

岸開濬唐漢兩渠誠萬世之利也四十七年春職全

蒞任之時值春工方興雖專司水利有員而職全有

查點夫役之責遂臨道憲鞠觀詣各渠細爲勘驗竊

查黃河自南而北其入寧夏之處兩岸俱係石山名

曰峽口河初向東北流入峽微折注於西北不一二

里卽仍向東北出峽峽之盡處有一觀音堂古人於

此傍石山之麓開唐渠一道渠口寬十八丈深七尺

至先明寧夏道汪公諱文輝者於右衛之唐壩堡地

方距渠口二十里建石正閘一座閘之外建石退水

閘四座正閘下入渠之水以五寸爲一分止以十分

爲率水小則閉塞退水各閘使水入渠水大則開退

水以洩其勢其正閘係六空西四空爲唐渠東兩空

爲貼渠每空各寬一丈唐渠自閘以下西北至玉泉

橋名曰上上段寬八丈深三五尺長五十里自玉泉

橋向東北流復微轉西至辰田渠口名曰上段寬七

丈深五六尺長七十里自辰田渠口西北至西門橋

名曰上中段寬六丈深七尺長四十里自西門橋西

北至站馬橋名曰下中段寬六丈深七尺長六十里

自站馬橋北至威鎮堡稍止名曰下段寬三丈深三

四尺長一百三里五分合計共長三百二十三里五

分其貼渠一道寬三丈五尺深六尺至郭家寺地方

分爲兩稍一至漢壩堡地方稍止長四十里名曰舊

貼渠一至蔣鼎堡地方稍止長五十里名曰新貼渠

此因唐渠正閘之東岼地土甚高故別引此渠雖閘

分兩派而實與唐渠同口蓋唐渠之附庸也渠兩岼

之堤及堵水之壩俱名曰湃罷俗音沿湃居民挖小渠

以引水入田名曰枝渠大者或百餘里小者或數十

里及七八里不一各於湃上建小木閘以便蓄洩名

曰陡口唐渠東西兩岼共陡口四百三十六道舊例

百姓有田一分者歲出夫一名計力役三十日又納

草一分計四十八束每束重十六斤又納柳椿十五

根每根長三尺此輪將定額也其或須用紅柳白茨

芀菩則於草內折收每草一分或折紅柳

芀菩<small>音夕吉卽席箕從俗</small>

四十八束每束重七斤或折白茨四十八束每束重

七斤或折芀菩四十八束每束重七斤總名曰顏料

或須用石灰亦於草內折銀燒造每草一束折銀一

分其草曰䦆草以備於險要處和土築堰及啓閉各

閘堵疊渠口也椿曰沙椿或釘閘扂或釘堰岼使土

堅固也渠內水衝之處必用土草築一墩以逼水而

外用紅柳白茨護之更釘以沙樁名曰馬頭芟菩則

繩纜之具也或修理閘座亦必用紅柳白茨鋪墊而

以沙樁釘之乃蓋以石條使無冲動之患也每歲冬

餘河凍之時將渠口用草閉塞名曰捲埽至清明日

派撥額設夫役赴渠挑濬文武各官分叚督催以一

月為期名曰春工至立夏日掣去所捲之埽放水入

渠名曰開水開水之後田地正須澆灌其法先委官

閉塞上流各陡口以逼水至稍其名曰封封之之際

各陡口仍酌量留水一二分其名曰溇（即俵）迫水已（從俗）

至稍乃開上流各陡口任其澆灌澆灌既足又逼令

至稍封與溇周而復始上流下稍皆須澆灌及時也

唐渠貼渠原灌寧左右三衛及平羅所其三十四堡

田地六千二項有餘衛所各官分叚封溇一歲須輪

灌數次乃穫豐收至於漢渠在唐渠之下左衛陳俊

堡四道河口地方距唐渠口三十里地形低窪直迎

河流水勢易入其渠口寬三十一丈深七尺五寸先

明寧夏道汪距渠口十二里於漢壩堡地方建石正

閘一座計四空每空寬一丈閘外建石退水閘三座

自正閘北至唐鐸橋名曰上段寬五丈深六七尺長六十五里自唐鐸橋西北至張政橋名曰中段寬四丈五尺深六七尺長七十五里自張政橋北至殷家夾道稍止名曰下段寬三丈深五六尺稍末寬一丈

長九十八里共長二百三十八里渠之東西兩岍共陡口三百六十九道原灌漑寧左右三衛所屬十八堡田地共三千八百二十七頃有餘後因開導西河水勢變遷何忠堡竟隔在河中各自開引小渠灌田

三十餘頃今漢渠止灌溉十七堡田地共三千七百
九十七頃有餘其挑挖封淓與唐渠一例此渠得水
甚易而又稍短田少所以通利如故比年以來惟唐
渠淤塞過甚濱於廢棄居民雖紛紛借助於漢渠不
過稍分餘瀝地之高者竟屢年荒蕪而漢渠反因以
受困職全細按唐渠之大病有三一苦於渠口之不
能受水也相傳先年唐渠口下河中有一石子沙灘
障水之勢以入渠厥後灘漸消没河流偏注於東而
渠口竟與河相背其入渠者不過旁溢之水耳水之

入渠也無力遂往往有澄淤之患一苦於地渠之不

能通水也唐壩以下自杜家嘴至玉泉營盡係淤沙

每大風起輒行堆積唐渠經由於此實為咽喉向者

以風沙之積也無常而去之實難遂相與名曰地渠

蓋因兩岸無洋與平地等故名之云爾也此處自來

不在挑濬之列因循既久竟致渠庢與兩岸田地齊

平甚有渠庢高於兩岸田地者較唐壩閘底約高三

四尺河水泛漲時入渠之水非不有餘乃自入閘以

來至此阻梗由是旁灌月牙倒沙兩湖迨兩湖既滿

然後溢於渠內徐徐前行不知費幾許水力經幾許

時日乃得過玉泉橋也況有此阻梗水勢紆迴水未

前行而挾入之濁泥已淤積閘底數尺矣一苦於渠

身之過遠也水之入口者原自無多而又苦於咽喉

之不利以有限之水流三百餘里供數百陡口之分

洩其勢自難以遍給若遇河水減落則束手無策矣

唐渠有此三大病而又加以年年挑濬之法積弊多

端如渠夫渠草除紳衿優免外豪衿地棍及奸胥猾

吏肆意侵蝕每將百姓應納草束沙椿折收銀錢代

為買備輸納名曰包納草則多係朽爛椿則盡屬短

小又巧立名色隱射規避若橋梁若陡口倘有損壞

俱屬官修乃藉稱須人看守每處免夫草一二分名

曰看丁又曰坐免甚至徒杠亦有坐免有力盡爲看

丁卽曰陡口須人啓閉未聞天下橋梁俱須設人看

守也是渠夫渠草祇爲奸積之利竊而渠工已受病

實多矣每年興工之時並不查明某處淤塞某處阻

梗量度工程之輕重酌用夫役之多寡唐渠自口至

稍止分三工五叚漢渠自口至稍止分兩工三叚如

二三

某工舊例用夫五百名年年撥給五百某叚舊例用

夫三百名年年撥給三百工輕之處夫多怠玩工重

之處夫實短少且催納顏料之役必故爲遲延及時

至工迫各叚督工者卽令挑渠之夫役採取顏料兩

峂園林庄柳任其砍伐微論止半供渠工半充私橐

額徵顏料盡被乾没而所撥三百五百之夫亦止虛

有其數而已渠道灣曲之處東峂高者西必低西峂

厚者東必薄以高厚者力逼水勢涮洗對峂也每年

挑濬之法如用夫一百名止有三四十名在渠內取

土餘五六十名俱排列高厚岍上遞相轉運一鍬之

土經七八人之手而對面伍薄之岍必不肯加幫尺

寸謂低薄岍底必有涮洗深溝恐因加幫撒土填塞

以致高厚者愈增伍薄者愈減是以每年有冲崩之

虞水由湃底鑽潰其名曰耒水由湃上漫倒其名曰

坌坌即漫也耒即鑽聲（去）也二字無所考據文報率皆

用之或耒或坌皆不肯加幫低薄所致也至渠夫則

止由衛所經承派撥賄囑者派之路近而工輕貧窮

者派之路遠而工重名曰安渠且將一段之夫雜派

數十堡之人聽其自赴工所管工者莫知誰何中有

逃者報官查冊拘提往返動至半月而一堡之夫又

分派數處必遠至百里或二百里以外使之奔走不

遑更將撥夫单內故意填寫錯亂使之赴各工段自

行查問總欲令民不得不致遲悞以便定取罰工又

各工段設立委管渠長等役各五六八或七八人每

人免渠一二分彼俱係用賄鑽營充當者一到工所

每名包折夫役十數名或二十名不等更有豪衿地

棍指稱旁枝小渠請討人夫或二三十名或五六十

名官必如數撥給實無一名赴彼所請之處伊等盡

折錢分肥是以額夫雖一萬一千有零其在渠挑濬

者不過五六千人而此五六千人又半係老弱率多

息玩官司查渠止走大路沿途問夫在何處就彼查

點委管渠長人等每日設人偵探預知官司到來卽

催覓附近庄農充數點後卽散甚且預知官司到來

令人夫於渠內挖土堆積如塔形以堆土之高詐爲

挑挖之深使高低莫辨官司一見便誇稱工好並不

問及上叚如何下叚如何官司去後夫役仍將所堆

之土攤平渠內其運上高岸者不過數十鍬八叚之
內官司必由之處或挑挖數里其僻遠不到之處亦
夫役足跡之所不到也總因兩渠分為八叚每叚必
遠至數十里無一定之責成無一定之程式而奸棍
又折去夫役因循延至一月遂相率而散其未經挑
挖者雖有十之六七祇謂工多夫少付之無可如何
渠道之淤塞實由於此職全於蒞任之初巡視渠工
竊見漢渠口之上有一小渠名曰賀蘭渠寬數尺長
十餘里乃前任寧夏道管據居民所請開濬者別引

黃河之水灌田數頃職全上下查驗見河水直冲渠

口而茅苦於口低身小濜引不得其方莫能遠達乃

謀諸司水王應龍請命於道憲鞠欲借此渠形勢另

開一渠以助唐渠水力之所不逮道憲謂此渠曾奉

前撫憲齊據士庶呈請餙委惠安堡鹽捕廳王惠民

勘驗形勢甚有裨益後以工程浩大約計役額夫萬

餘一月尚不能開又慮修理闊壩需費不貲遂爾中

止吾有志久矣汝其力行之職全謂用夫不得其法

雖數里亦覺艱鉅若量土以計工量工以派夫此數

十里之渠計日可成渠若告成開壩自易易也道憲

乃令職全與都司役用額夫距舊賀蘭渠口之上三

里許直迎水勢另開一口至馬家庄地方引入舊渠

而擴之使寬行三四里至陳俊漢壩兩堡之交卽棄

舊渠而西引水由高處行以達於唐渠雖遠至數十

里而庄園坵墓皆繞以避之毫無所傷其所損田畝

盡為除厰差徭居民莫不懽忻樂從於四十七年九

月初七日興工至十三日渠成十五日道憲親詣渠

口開水不崇朝而徧洼田間自來高亢之地一旦水

〇三

盈阡陌婦女孩童咸出聚觀驚喜之狀若出意外之
覆其渠口上距唐渠口二十五里下距漢渠口五里
乃右衛唐壩堡所屬剛家嘴地方口寬八丈深五尺
渠身長七十五里二分上三十里寬四丈深六七尺
下三十里寬三丈五尺深五六尺稍末十五里二分
寬一丈六尺深五尺東西共陡口一百六十七道灌
溉陳俊蔣鼎漢壩林皐瞿靖邵剛玉泉李俊宋澄九
堡田地共一千一百二十三頃有餘至宋澄堡地方
仍滙入唐渠道憲見此渠閱數十年聚議止爲道旁

之築者今乃告成於七日之內且相度形勢較鹽捕

廳向所勘驗引水更易不覺喜形於色謂移此用夫

之法以修唐漢兩渠不難坐令各渠疏通也於是於

四十八年竟以此渠聞之憲臺當蒙倡捐俸貲於陳

俊堡地方建石正閘一座計兩空每空寬一丈閘外

建石退水閘三座工旣成蒙命其閘曰大清閘渠曰

大清渠職全復於閘上建橋房五間左側建遊亭一

所其規模竟與漢唐兩壩鼎峙云此建閘之處乃舊

貼渠經由之地貼渠較清渠高六尺有餘竟爲清渠

截斷職全乃造木筧置諸閘後兩旁石墻之上中更
用大木架之傍橋房之欄以渡貼渠之水自西而東
筧寬四尺長三丈名曰過水此不特貼渠無傷而閘
上閘下水流交錯波聲互應風景實大有可觀也彼
陳俊等九堡田地乃素用唐渠之水者大清渠既成
則不須唐渠灌漑其入唐渠之水可使之直趨而下
而所省灌漑九堡之水實足以補唐渠水利之不足
不患渠身之過遠矣況大清渠之餘水滙入唐渠者
又能大助其勢即唐渠之病去其一至於唐渠口則

於黃河內築迎水湃一道用柳圈數千內貯石子排

列兩行中間用石塊柴草填塞上復用石草加疊過

於水面更用大石塊襯其根基其湃寬一二丈高一

丈六七尺不等白觀音堂起至石灰窰止共長四百

五十餘丈逆流而上直入峽內中劈黃河五分之一

以爲渠口口寬至二十餘丈較舊渠口約高數尺挽

河流東注之勢逼令西折入渠是迎水湃之力已能

逆水使之高束水使之急吞噬洪流勢若建瓴不患

澄淤矣而口又加寬受水實多渠內之水賴以倍增

唐渠之病又去其一歷年不挑之地渠則多用夫役

挑濬使之低於閘底以通水路兩旁復立高厚湃岸

使渠流至此得以疾趨不致遠道於湖水行既疾則

沙隨水走莫能淤積唐渠之病又去其一由是口內

洋溢咽喉無阻向之唐渠以有限之水灌溉三十四

堡田地其六千二頃有餘常慮不足者今以有餘之

水又省九堡之分洩止灌溉二十五堡田地四千八

百七十九頃有餘自無不餘裕矣不須借助於漢渠

而漢渠遂獨專其利矣至若奉委協助都司挑濬各

三五

渠則革盡從前積弊惟遵道憲之明訓以開大清渠

用夫之法爲例於淸明興工前一月將漢唐各渠自
口至稍逐細查丈更用水平量其高伍如某處渠道
淤塞應挖深若干寬若干某處湃岊低薄應築高若
干厚若干某處工重應用夫若干某處工輕應用夫
若干預爲造一工程細冊乃以額夫合算除修理閘
壩迎水及各大枝渠用夫若干外計挑挖唐漢大清
各渠實止夫若干於是量土派夫每夫一日以挖方
一丈深三尺爲率夫數旣定乃自下而上挨堡順序

如威鎮堡在唐渠之稍該堡額夫若干名以土合算

應挖若干里即定以里數分立界限開明寬深丈尺

令從稍末挖起至分界處接連即用平羅堡之夫又

接連即用周澄堡之夫餘俱逐堡順派以近就近各

照分定界限挑挖其夫即用本堡堡長督率每工開

一丈尺細单務令挑挖如式挑挖之土俱令加叠低

薄洴斱高厚之處不許妄排多人致妨正工其枝渠

之大者俱量度工程撥給夫役但往歲於各堡夫中

混撥今則止令受水之民自行挑挖夫數或稍減於

舊額而用工則不啻數倍至十餘里及三五里之小

枝渠卽算入正渠工程之內一併挑濬不另撥夫役

以杜隱射包折之弊職全復每日於渠身內往返巡

查如某堡分工幾里其挑挖不合即單開丈尺致渠底

不平或低薄之岊築叠不堅即責宪堡長工程無包

折之弊夫役無遠涉之勞而逐叚皆有責成皆有程

式自相率盡力不敢怠玩與工之後復蒙憲臺遣

標下守戎王提督查其工又蒙廉察壩草六十一萬

不無侵漁特對半減免三十萬有餘民間有田一分

舊例納草四十八束者今止納二十四束以是寧民

踴躍趨事爭先恐後各渠疏通無阻湃峫又極堅固

所以立夏開水之日黃河水不加增而每年開水月

餘水不能到稍者今不過四五日即澆灌徧足

矣鎮城以北往年不沾涓滴者今且徧種稻秬矣寧

鎮各渠之情形及修濬之利弊如此此皆憲臺標下

守戎王提所目擊者也獨是職全革弊太盡立法太

嚴委管渠長盡遭革除豪紳地棍勢難包折隱射之

弊俱為清出枝渠之夫不能分肥而奸胥滑吏歲歲

恃渠工以填谿壑者今且無所施其巧是數萬生靈
雖云受利而積年奸宄未免側目矣竊思古人之於
渠務額設有夫力役有期物料有備分五工分八段
使各盡其力立法何嘗不善迄於今非徒無益而又
害之總皆趨利之輩作弊於所忽壞法於不覺竟使
利民者反以累民古人立法之美意泯沒殆盡職全
亦何人斯安保其所立之法不卽壞於旋踵也卽伏
祈嚴飭司水利者每年以去歲春工爲例而再爲神
明變通於其間不使已效之法復致更張已通之渠

復致淤塞憲恩直與河流並永矣緣奉鈞諭詳悉敷

陳故不揣冒昧瑣屑妄瀆并繪具渠圖呈電伏惟俯

賜詳察職全幸甚地方幸甚

公諱全臣字仲山楚郢名進士也性情才學儼然

古之醇儒所上舒撫軍一書立德立言立功均堪

不朽說者謂天憐吾寧特令公來補漢唐未竟之

業且爲渠工立百世不易之法也其信然歟士民

之壽諸石也固宜七十二老人張瑞隆謹跋

渠圖弁言

天下郡縣所在莫不有圖然所爲圖者率皆委諸畫
工塗以丹青其爲用也不過賫呈上官苟應故事已
耳寧夏地界沙漠民以渠水爲命圖較他處爲詳有
心斯民者往往於寧圖三致意焉匪爲圖也凡以爲
渠也今日之渠豈猶是昔日之渠也哉昔渠有二而
今得三昔共傳唐漢而今兼頌大清使仍命畫工圖
之則依稀彷彿莫能辨厥形勢詳厥源流其不爲覆
瓿之具者幾何矣我司馬王公蓋新開大清渠者也

四二

渠成則繪之以圖圖就則鐫之以石則見夫兩山相
峙滔滔出峽者黃河也河之濱支分一派西行以達
於田間者唐渠也河之中長堤百丈截流而挽之西
趨者公所築唐渠迎水湃也唐之下三十里又一派
支分者漢渠也漢之上漾漾灝灝豁然洞開另闢一
口蜿蜒七十餘里折而歸於唐渠者公所開大清渠
也渠之內新亭傑出與漢唐鼎峙望之如蓬萊三島
者公所修大清閘壩也閘之後斷虹偃卧琮琮琤琤
駕清渠而飛渡者公所作過水筧也斗口鱗次村堡

星分而湯湯洋洋無畦不入公之所開大清渠以助

唐渠且以裕漢渠也今而後何者宜修何者宜築何

者宜疏濬濬引披斯圖也瞭若指掌與水利而圉替

實以此爲噶矢然則斯圖所關綦重矣苟應故事云

乎哉公以余言爲簡盡命弁諸石余曰諾時康熙庚

寅季春之吉西夏李蕡謹識

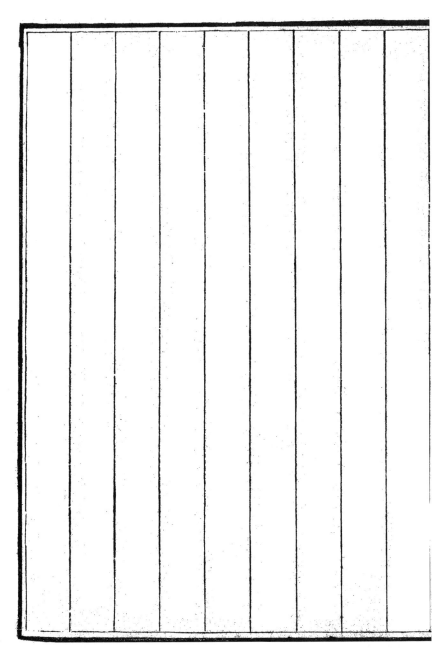

書渠圖後

予以戊子春涖寧夏值渠工方興故事集紳士議渠
盈庭聚訟各執其是索觀其圖則畫工所繪形勢茫
然夫寧政惟渠務爲最重奈何牽略其圖也予固疑
所議皆臆度矣迨徧歷漢唐體察形勢乃知漢之病
以唐分其潤唐則病於口之無脣咽喉之不利且腹
大身長力難充周向者何未議及也爰告紳士欲於
唐之下開一渠以助其力欲於唐之口築一堰以補
其脣議者皆謂事必難成卽成矣亦無濟辦爭之餘

且滋阻撓予矯而行之率數十里之渠以開數百丈
之湃亦竣因勢乘便更為利厥咽喉河流直入徧滿
田間向之阻者且稱頌以為神嗚呼亦何神之有水
則順其性工則覈其實如是焉而已矣然惟胸有全
圖故敢矯衆議而獨行也於是繪胸中之圖鐫之於
石非敢以示後人聊用佐議渠者之談柄云爾康熙
庚寅春月王全臣書

重修暗洞記

渠之有暗洞也古所設以洩水者也河流自南而北

各渠引之西北行以溉民田溉田之餘水散注於各

湖湖與湖遞相注而仍東洩於河其所由洩之路則

穿漢渠之底而出漢渠南北流於上而穴其下若橋

洞然雖高止數尺廣止丈餘而渠與兩岸之堤寬至

十有餘丈洞之長亦如之深藏地中潛渡伏流望之

幽邃杳寅故曰暗洞也厥洞惟三在魏信堡者曰上

洞在張政堡者曰中洞在王澄堡者曰下洞古人之

於渠工計其蓄復計其洩良法美意亦至詳且盡矣

予蒞寧之初巡歷郊原茅見夫各渠率多壅塞民田

强半荒蕪每經過暗洞或告予曰水滿則溢此乃洩

之也予雖目擊其崩潰填淤忽焉不介於心蓋環顧

阡陌之間求涓滴以潤涸轍尚憂憂乎難之焉用洩

爲意謂古人爲此似亦過計迨其後創開新渠疏通

唐漢水於是乎有餘田間水滿乃注於各涮湖不能

容遂溢而爲害夫乃嘆古人之良法美意皆毀於後

之人之忽不究心耳鳴乎靡不有初鮮克有終伊誰

四九

之咎歟苟不早爲之所倘一傾頹漢渠且截然中斷

奚可哉乃日夜思所以修葺之無如工大費繁計無

所出未敢遽宣諸口辛卯冬

詔躪次年租賦予欣然曰暗洞可修矣正供中有所謂

麥餱者歲賦七百餘金往例不賦之於丁地而賦之

於渠夫每歲於額夫萬有二千之中輪抽五百人免

其力役俾納麥餱今租賦旣躪則此五百人者例仍

歸諸渠向者渠工浩大尚可少此五百人兹渠已垂

成又焉用之竟以之助修暗洞可也張政之洞原甃

石爲之弟歲久欹損耳魏信王澄較張政之洞爲更
大乃盡係木植易於敝壞若俱易之以石更足垂諸
久遠爰綜覈而量度之三洞之中爲補葺爲更易應
用石幾何木幾何灰草幾何工匠幾何會計既定乃
郎壬辰春濬之先於麥餱五百人中以三百人措置
一切物料以二百人採石於山示以尺寸而檢罰去
歲春工之候工者數百人使運之其或不足則酌撥
額夫以助之罰工惟重他則較濬渠稍輕蓋使小民
易於趨事也春濬工與衆役畢集不越月而告成魏

信王澄之間偉然兩石洞直與在張政者並垂諸久
遠矣由是於各湖上下水所由行之路盡疏之使通
以導其流夏秋之際田間水滿如故而各湖之濱且
洞而為田泛溢之害吾知免矣古人之制可復予亦
可告無罪矣或曰不費不勞而使水有所蓄復有所
洩皆司馬之功也或曰水利自有專司君何越俎以
任勞怨且不憚煩耶嗟乎今日暗洞修而渠之事功
始備予之志願乃畢予何功焉特復古制云爾若夫
身任民牧則民事宜亟越俎之譏予固不辭也後之

君子實用心於蓄洩之間而不使古人之良法美意

湮沒於忽不究心者流斯予之願也已康熙壬辰仲

秋王全臣記

司馬王仲山新渠告成邀余開水喜而有作

鞠宸谷

兩壩中間勢可疏年年對此獨躊躇計工奚止增千

堡名新渠波

百董事難將任吏胥畚鋪繞聞過蔣鼎

經由於此

濤倏報會唐渠沿途童叟爭羅拜道我經營未敢居

喜二弟創開大清渠

王余臣

引得黃流入大田盈阡盈陌水涓涓馬頭父老爭相

慶人力須知可勝天

戊子秋創開新渠號曰大清旬日之間水盈阡

陌竊喜其功之倖成也賦此　　王全臣

尋得河流勢可通好乘農隙便鳩工萬人力役三秋

後百里渠成七日中預計支分忙父老傳聲水到走

兒童餘波更足資唐漢處處應看歲事豐

大清閘落成二首　　　　　王全臣

予於唐漢兩渠之間增開一渠蓋助兩渠水

力也　觀察使鞠公達之　舒大中丞命予

建正閘一退水閘三造橋房置旗亭規模彷

彿唐漢而閘後又作木筧以渡他水風景更

有可觀爰作長句以紀之

規模直與漢唐同甃石浮杠落彩虹遠近縈紆分上
下縱橫挹注任西東惟知順水行無事敢謂開渠輒
有功最是亭成臨孔道喜聞過客話年豐

順道洪河入地中漢唐得助益沖瀜羣氓久食千秋
利此日新添一漑功沙際堤環春草綠橋頭額映晚
霞紅閘來徙倚虛亭下翻愛旁流筧向東

寧夏王司馬仲山創建大清閘告成邀涂子聽

菴與余同遊分得鄉字　李　蘇

疏鑿千秋紀漢唐誰通一脉出中央兩渠更見波濤

壯九堡先聞黍稷香筧枕石梁虹截兩亭飛沙漠水

爲鄉行行羣擬遊三島不信蓬瀛在朔方

同李環溪遊大淸閘分得浮字　涂志遇

淹歲銀川此漫遊黃沙捲地不成秋只將九曲源源

引便看餘波處處流筧水高依橋上過旗亭直擬溟

中浮漢唐鼎峙遙相接禾黍盈盈一望收

同涂聽菴李環溪遊閘上戲分田塍二韻

王全臣臣

為惜膏腴等石田聊因就下引涓涓渠開荒野資羣
力橋鎖奔湍效往賢灌溉縈周千頃地氤氳蚤動萬
家烟旁流復漾闌干外錯綜高低景亦妍
渠成水到瀉雲塍卽看農工處處興喜動兩河觀察
使事聞分陝大中丞殷勤命作千秋計措置欣逢比
歲登亭榭橋梁齊就緒須知終始有師承

題大清閘　鞠宸咨

新渠水會舊渠流愧煞當年築舍謀此日憑臨亭子

上渾如渡客濟輕舟

過大淸閘呈王司馬

　　　　　　　　　　　　范時捷

亭臺四面水爲隣唐漢中間結構新自昔兩渠開朔
漠而今三閘崎河津西流筧引東行巧百里功成七
日神聞道鳩工如振旅好將方略示同人

過大淸閘　有引

唐喉哽咽灌溉難周此地嘆無禾久矣今旁
通曲引溝澮皆盈且亭臺閘壩忽如天上飛
來何成功之速也吁易磽确而爲沃壤伊誰

　　　　　　　　三蘭遊脚

之力歟用是圻壁以望後來作者

一望平沙總不毛當途底事罷勞勞忽聞河轉支流
急漸看額橫斜照高牧竪行歌皆擊壤遊人攬勝足

揮毫神工更巧憑刻木西控長鯨跨巨鰲

道人不知何許人詩既豪邁字亦飛舞翫之渾
無烟火氣守丁謂其丰致飄逸到閱上徘徊四
額出囊中筆墨掀髯微笑題壁而去憶此固非
漫遊方外者也讀序語又似熟遊斯地者何竟
不留姓字於人間即貌其形似摹之於石用誌
景慕之意云王全臣識

大清閘　人遊覽云
閘後更造木筧狀如車箱引唐渠支流
飛渡檻外上下縱橫水聲相亂竟足供
王余臣

六〇

百里渠成利已周更橫木筧傍橋浮縈紆直使千郊

潤上下俄驚十字流畫棟巢新栖海燕盤渦波緩信

沙鷗我歸圖與高堂看應一開顏爲點頭

迎水堤　仲弟於青銅峽內叠石爲堤障河流以

迎水堤入唐渠萬頃波中綿延數里亦巨觀也

王余臣

叠石嶙峋破碧天平分巨浪滙山前半邀出塞黃河

水徧瀉荒郊斥鹵田漫擬鯨橫星宿海直疑虹駕斗

牛邊漢唐開壩高千古敢謂區區踵昔賢

唐渠口迎水堤告成二首　　　王全臣

欲引滔滔用不窮先將百丈築河中頻移巨石填包匭頓使天吳徙水宮白塔磯前標砥柱青銅峽內臥長虹從今萬頃桑麻足可是區區一障功

洪流出峽走奔雷一道長堤築水隈祇為磯頭排浪去漫將人力挽他回雪濤卽看層層入田畝應聞處處催利漑曾無奇異策惟敦渠口有唇腮

司馬仲山大清閘迎水堤先後落成子與寧民安享其利爰紀始終六絕句人曰公亦與有力焉則吾豈敢

王應龍

古堰稱唐漢寧民受利多　一從河勢改相望任蹉跎

其二

我來肩此任疏濬兩無成賴有賢司馬殷勤爲我營

其三

程工師井地動衆趁農閒旬日何曾滿渠開兩壩間

其四

更於唐口外纍石築長堤百丈迎銅峽奔湍早向西

其五

渠成堤築後次第搆亭臺恍擬行三峽濤聲逐耳來

六三

俵封隨所憩長短有郵亭禾黍高低綠蘭峰分外青

遊大清閘

王惠民

其功之不啻已出也漫成一絕

莊寧未幾渠開閘建若行所無事者然予喜

工大費繁兼阻之者衆竟成築舍之謀仲山

寧人議開此渠久矣予曾承委勘厥形勢以

昔年曾此審源流遺憾工繁願未酬今見規模同兩

壩賞心殊異等閒遊

予於靈武渠工不遺餘力今至銀川觀仲山所

建大清閘規模宏厰與漢唐並峙慨然有作

祖艮正

年年我亦濬秦渠地洞縈通與自如今日行來新聞

上始知未讀水經書（靈渠有地洞子）疏之乃得水

過大清閘　李山

每于秦漢（靈武二渠名）閱春工遙望唐來（唐渠名）一葦通久

嘆膏腴成草莽誰將亭榭駕電虹村村烟鎖垂楊綠

處處波搖晚照紅今日偶從清閘過其傳疏濬屬王

公　抵寧夏過王司馬大清閘　索柱

仗節理西彝驅車赴寧夏行行抵漢唐云胡三閘壩
父老爲我言此是新開汊唐口久淤塞疏濬等築舍
欣逢王公來獨行不旁借七日新渠成次第修臺榭
東西水難通更將木筧架黍谷頓生春高伍紛穉稑
閘遵
聖朝名直與漢唐駕我聞三嘆息攬轡看奔瀉水以無
事行人於所過化功存賀蘭間澤垂百世下何日同
公遊臨流酌公罇

絕句三首呈王司馬　　　　　莽鵲立

白塔山前水向東唐渠疏瀹總無功王公妙有蘇公
法一道長堤築浪中 迎水堤

兩渠相望抱新渠處處歡呼水有餘聞道功成剛七
日此中經濟是何如 大清渠

巧奪天工一覧橫高低喜聽叱牛聲亭臺閘壩同唐
漢不愧標題號大清 大清閘

過大清閘 有序 李光輔

家世靖魯居近黃河所引以灌田園者惟
輔

桔橰是賴吁視寧夏唐漢之受水其勞逸大

小不啻麗鼠爲飲矣議者欲開渠溉古城地

千頃官民皆難之茲見吾師於唐漢之中增

開大清渠一道逶迤七十餘里不旬日而工

竣過斯渠也寧無吾土之慨耶

烏蘭高與賀蘭侔家住黃河最上游自喜涓涓隨畎畝

誰能浩浩遍田疇滄桑勢變唐非舊疏濬功宏漢

輙秋安得吾師過靖會恩波爲注古城頭

亦

大清渠橋亭落成爲仲山先生賦　　宋振譽

六八

春濬工將畢橋亭喜落成棠陰歌太守榜額屬狂生

大清閘額字
篤余所書

唐漢分三派桑麻潤九城欲知民樂利

波上數鷗輕

其二

匠心君獨運結構面諸峰 橋旁另構別業峽口諸山俱在目前眺望供

遊客耕耘慰老農平沙飛白鷺斷崢卧蒼龍得暇頻

來此臨流任倚筇

經大清閘口占 孫王法

小憩旗亭四面凉三三兩兩頌黃堂而今開得清渠

水不似當年藉漢唐

其二

頻年于役向金城此處曾無溯洄聲誰引黃河流大

地高低喜見綠波盈

其三

亭臺新葺漢唐間挽得洪流去復還草色青青環九

堡餘波更繞賀蘭山

庚寅春子來司寧夏水利讀王君仲山上舒撫

軍書載渠工利弊甚悉迨巡歷漢唐觀迎水

堤閱大清渠規畫周詳治渠之能事備矣子

坐守其成賦此誌幸

　　　　　　　　　　　　　貝廷樞

初司水利總茫然漫讀渠工書一篇只道敦陳皆故

事誰知疏鑿在當前長堤百丈橫銅峽一口中開湧

沸泉自幸無才多厚福行來到處遇名賢

　　遊大清閘

　　　　　　　　　　　　　王會臣

聞說新渠媲漢唐家書屢讀擬尋常今看傑搆同瑤

島更愛殘虹駕石梁夾道依依楊柳綠盈疇脈脈稻

花香農夫備述功成易七日能開百里長

庚寅春至朔方閱二兄所開大清渠蜿蜒數十

里可灌田千餘頃其閘壩竟鼎峙漢唐卽此

可爲吾家治譜矣敬成一律　王念臣

少小繙經識賀蘭天涯遠擬不毛看寧知畎鑿同中

土誰道壇裘近可汗兩壩原沾唐漢澤新渠今接斗

牛寒他年我亦膺民社吏治如兄愧弟難

大淸閘　　　王个臣

新渠婉轉抱青疇瘠壤于今槩有秋偏是遊人來閘

上獨驚飛覓渡旁流

迎水堤

王个臣

河流東北注渠口傍西開不藉堤爲障焉將勢挽回
逆迎銅峽去順受雪濤來賈客操舟過應疑鯨吐腮

庚寅春郊遊見家嚴大淸閘並迎水堤敬賦

王世圭

春風一路鳥頻啼遠近炊烟望欲迷閘壩川分增蓄
洩亭臺鼎峙互高低截流旁注憑飛筧援浪中橫倩

大淸閘

王式琬

障堤共道當年唐口塞而今滾滾到城西

動泉三秋後開渠百里長環郊田井井到處水洋洋

閘壩司吞吐亭臺崎漢唐經營曾幾日事業見遐荒

迎水堤　王式琬

河勢嗟東從迎流妙有權堤身遙指峽人力竟回天

餘潤村村足廻波處處圓晚烟看橫截兩水浴嬋娟

過大淸閘　劉追儉

莫謂神功屬混茫憑將疏鑿闢榛荒漢唐渠外添溝

滄沙磧灘頭樂井疆亭帶溪流山入座瀑飛筧道水

翻梁我來下馬還瞻眺牧笛聲聲弄夕陽

七四

近體一首書王司馬渠圖碑陰後

朱軾

奔騰浩瀚出毫端唐漢新渠次第安三閘平分均水

力長堤突兀挽狂瀾城依東壁知靈武雲鎖西山識

賀蘭自是韓陵石一片行人莫作畫圖看

同宋佩劬觀王司馬渠圖

孫王法

山自高兮水自深新渠舊壩好追尋勸君入眼無容

易一寸工夫一寸心

辛卯夏予請假歸里見唐漢之間新增一渠聞

壩傑出其唐口更築迎水堤數里皆司馬王

公之功也詩以紀之 　師懿德

幾載重過百塔濱垂楊夾道曉烟勻亭臺忽見開三
閘疏瀹驚傳未一旬篾臥橋頭縈巧思堤橫唐口吐
長唇年來愧我勞王事誰意田園處處春

　朔方行爲司馬仲山先生賦　程鵬

濟世須豪傑庸庸尸位多有懷莫獲展亦與庸同科
往古來今皆坐此乾坤建竪曾幾何銀川自古連沙
漠惟資渠水灌田禾年來河勢向東徙唐口高懸起

幔坡口渴喉乾腹自燥百肢血枯脉不和王公醫國
手妙術邁華陀按脉診視尋病源尋得病源在中阿
因時以動眾力役無煩苛九堡最先沾樂利七日頓
敎起沉疴堤築長鯨迎雪浪筧吐殘虹駕石鼉急沫
抛魚尺新柳擲鶯梭我聞古渠僅漢唐豈意新渠滙
洪波家家喜傾釀田酒處處遥聞擊壤歌可知治水
無奇策禹驅巨靈亦傳訛直使塞北勝江南屢過遊
亭費揣摩丈夫得展平生志功業炳炳壯山河君不
見賀蘭矗矗鬱嵯峨黃河滾滾轉盤渦公之新渠白

練拖唐漢中間常不磨

古體四十八韻呈司馬仲山先生有序

寧渠之有漢唐古也漢唐中之有大清非古
也子過而異之畊者輟畊告予曰兹渠也蓋
王公見唐口壅淤河勢遷從開此以益唐而
披漢者也公開渠僅七日築洴踰百丈其亭
臺閘壩不旋踵而先後告成一若神輸鬼運
者功成之日吾儕受公澤而莫名欲以王公
名諸亭公惟不自居也爰名之以大清予聞

之弟以古人求之而不謂於東川別墅得親
炙之迴憶讀公之文復何幸覩公之行也吁
吾人學古入官不當如是耶以儒術爲經濟
殆所謂正其誼不謀其利明其道不計其功
者歟詩以紀之

　　　　　　　　　　　　　謝　鴻

古之從政者學而優則仕文章闡道德經綸本書史
隨事有措施國頼而民倚鳴乎非吾徒何足以語此
王公命世才荊楚名進士斯文之模範宗廟之簠簋
初試牧野間再試大夏水在在多異績十奇難盡美

銀夏古朔方景物江南擬舊有漢唐渠湯湯與瀰瀰

唐口久淤塞河勢向東徙挹分漢餘瀝婦子嗟懸耜

譬彼患躄者一肢已枯死依人千里行婆跚日積跬

又若續鳧脛截鶴以為累鶴鳧兩不完吁嗟愚極矣

底事久因循勢阻於角觭咄哉此邦人築舍徒虛爾

我公心憂傷饑溺引已恥唐水欲遠長賀蘭擴小沚

唯形審勢度不氣使才恃紆折全坯墓繞道環廬里

計土以授夫因臂而使指積弊盡釐剔奸胥嗟窮技

七日告厥成大清渠名始聞壩次第修屹然相表裏

更於唐口上移石填包匭築堤巨浪中儼若蛟龍起

挽水向西來滔滔足耘耔一朝善規畫萬世樂秬秠

君子頌神功隨山刊木比小人沐厚澤戶祝與家祀

恒情際斯時詡詡竊矜喜公以名歸

國
臣心仍坎止吾偶客邊陲飲馬南塘沚懷古弔汾陽

元昊臺拖履英雄氣躶盡曾不掛人齒填街滿口碑

惟頌奇男子少讀公之文私幸窺形似今復觀壯猶

欣得鳳凰髓曾過寓書齋忻忻忘倒屣式玉而式金

愧彼肉食鄙逆旅吳下蒙笑傲任跰弛長揖一醉別

緣慳再御李我

皇極聖明宵旰謀國是會須虛前席勞公爲聚米經濟

本儒術今古同一理爰作紀事謠用以代蒿矢

辛卯歲再至朔方晤仲山先生辱示上舒撫軍

渠務書並大清閘迎水堤諸詩受而讀之固

知儒者經濟自是不同爰作長句以附諸公

之後

上官法

去年杏花籠春霧匹馬大壩小壩路處處酒帘趁柳

風側耳歡聲歌來暮試問使君政何如屈指爲言下

八二

車初宜民善政難悉數第一獨創大清渠慨彼漢唐

兩渠次數十年來失水利五工八段負澇名歲歲春

工等見戲稍之不受口不通渠中沙積隱隆包折

夫草人橫踞誰其剔弊奏豐功公之來也深慮此相

度形勢走百里了然成竹布胸中力排眾議成獨是

不因開鑿毀墓田不煩科斂擾炊煙因其原夫度以

土計日量工董之焉高者下之狹者廣唐口更築堤

百丈引得黃河萬派通到處磽确成沃壤雁排雲漢

一天秋千年水利七日收有如旱濟及時雨更如甘

蔗潤渴喉眾論紛囂一時息諸堡欣欣有喜色此水
之利利十千比歲而登賴茲力我聞此語緩轡行盤
胸豁眼長橋橫滔滔波逐兩渠去邁漢逾唐號大清
今歲西成復流寓場圍滯穗遺無數東川別墅抱德
輝消我鄙吝黃叔度讀君所上中丞書經濟文章綽
有餘浩蕩恩波垂百世名不沽兮功不居余也旰江
一草野走筆而歌愧風雅君家世德本三槐會見甘
霖遍天下

過大清閘　　　　　　　　　俞益謨

唐漢平分萬里流中添一道入青疇沿隄柳浪村村

密刺水秧針處處稠長筧濤翻橋閘外虛亭額映塞

垣秋春風策馬頻來往幾度低回去復留

大清渠

　　　　　　　　馬見伯

滔滔飛白浪曲曲引黃流並勢三渠下分行九堡周

波紋隨鷺戲藻帶任魚遊從此溪田內恒書大有秋

　其二

一望自汪洋恩膏徧朔方是田維秬秠無稼不茨粱

帝載洵熙也天工允代將爲民兼爲國功德水流長

漢渠之下舊有三暗洞洩各渠餘水歲久浸廢

子重爲修葺且易以石夏秋之交竟免泛濫

詩以紀之

　　　　王全臣

河流分瀉漢唐中並拖白練如雙虹唐渠
　　　　　　　　　　　　　西繞
蘭山麓漢延　漢渠　綿亘唐之東中間萬頃紛抱注
　　　　名　　東名唐渠
波總向湖中聚羣湖婉轉東歸河漢延堤高截去路
古人立法妙有餘地底鑽穴透漢渠就下能消羣湖
水彷彿滄滇洩尾閭慨自河遷唐口咽蓄之烏有焉
用洩縱然古洞迹猶存一任泥沙久埋滅大清渠開

八六

水洋洋迎水堤成勢更狂田間水滿翻爲虐到處泛

溢嗟懷襄尋得古洞皆木植支撐渠庭苦無力經營

石甃洞惟三奧若蛟宮不可測石梁潛架遂且幽堅

牢穩載漢渠流任他灌溉盈溝澮暗把狂瀾細細收

老農欣欣喜相告年來鳴蛙産釜竈三洞賴我使君

修夏不旱兮秋不澇曾聞河源來自天一曲伏流路

幾千可是天吳聊小試暫移鰌穴到銀川紛紛行客

頻過此驚看渠底水瀰瀰道是策馬歷東陽一派宮

商清人耳使君政暇可郊行洞側清涼好駐旌爲聽

澶湉河中去盡是三渠擊壤聲予也聞之深愧謝功以倖成勞獎借開渠修洞踵先賢但願歲歲宜禾稼

過暗洞口號　　　　　　涂志遇

只道羣湖海樣寬何堪泛溢肆狂瀾而今洩洩由三洞昏墊無嗟萬井安

過暗洞有作　　　　　　王余臣

禾黍高低水滿渠倉箱有慶樂徐徐只圖九曲未星渚未解百川歸尾閭泛濫于今明蓄洩潛消自昔有乘除經營木石成三洞爲趁春工衆力紓

題暗洞　　　劉追儉

渠上滔滔巨浪春更看渠下走潛龍嚕呹下上聲相
應疑是山行到石鐘

其二

洞洞裏人家別有天
可但清音到耳邊回眸滄海已桑田須知絕勝桃源

暗洞　　　王世圭

每值秋風萬寶成羣湖汛處水驕橫尋將古洞重修
聶其聽安瀾日夜聲

八九

渠底驚看駕石梁縱橫上下水湯湯從今蓄洩隨人

意歲頌千倉與萬箱

壬辰二月予抵水利任甫數日遂值春澇聞仲

山王司馬數年來盡力渠務毫無遺憾卽今

春撥夫派工皆差已部署妥帖予督濬至大

清閒見規模壯麗喜而有作　　　喬育正

大清額字耀坊頭溝澮勤勞事事周覽吐長虹飛碧

落堤拖素練入青疇渠西脈引渠東注橋上波同橋

下流唐漢更聞都暢達我來私幸有成謀

題大清渠二首　　　　　蔡升元

為憐膏壤棄邊荒七日功成百里塘引入河流砂磧
裏鑿開峽口賀蘭旁支分九堡通溝澮嶔崎三渠並
漢唐作吏盡如君任事不難到處樂豐穰

兩渠中劃大清渠畚築無勞民力紆心畫萬家溝洫
志胸藏一卷水經書嵐光樹色晴川外鴻影鷗波夕
照餘渾似江南好風景豈惟灌漑徧村墟

過大清閘橋亭再賦　　　　蔡升元

楊柳亭臺楚楚小橋流水湯湯此日郁膏芃黍他年

名蔭甘棠

過大淸閘口占

　　　　吳應正

唐漢經營水脉通又看疏濬出神工兩渠總滙中條
內七日俄成萬世功禾黍紛紅穰稼亭臺俯浸碧
玲瓏堤邊更植千株柳底美棠陰説召公

題大淸閘

　　　　張文煥

環郊一望柳珍珍夾道陰濃湧翠嵐唐漢千秋渠是
兩蓬瀛此日島爲三觀成屢有豐年慶圖始誰將重

任擔更築蘇堤迎峽口直教勝槩擬江南

司馬王公邀飲大清渠上見所創閘壩亭臺直

與漢唐並麗歡遊竟日賦此　杜　森

亭臺迥出漢唐間洞啓軒窗解客顏曲折遙分銅峽

水青葱直把賀蘭山欣遊樂土挤同醉坐到斜陽未

肯還岈幘高唫推謝奕須知政暇有餘閒

大清閘

溫如珪

蘭峰插天青黃流環其麓灌溉盈田疇歡聲動比屋

人皆為我言惠邀王公福唐口水逝東公將長堤築

更於唐漢間闢新開溝瀆九堡澤先周會歸唐渠腹

閘壩倣漢唐橫笘渡飛瀑以是屢豐年無庸豚蹄祝

余也備邊戎幸其雲龍逐亭上久徘徊江南恍在目

庚癸杳無聞刁斗不煩蕭匪特婦子寧卒旅借安燠

題壁盡珠璣往來頻誦讀我欲揚豐功徒慚貂尾續

呈王仲山先生絕句四首有引　秦弘曆

銀川古朔方地厥土斥鹵必藉潤於河流唐

漢兩渠居人久食其利自河勢東徙唐則病

於口之無可容漢則病於唐之分其潤數百

里之沃壤幾嘆無禾矣曆久客關隴熟聞

司馬王老先生新創大清渠所以益唐掖漢

利濟寧民者規畫至詳且善輒自恨未能履

其地目覩其形似也甲午夏策蹇過之見夫

綠稼盈眸黃流聒耳其間亭臺閘壩竟鼎峙

漢唐噫經濟本乎儒術安在古今人不相及

耶漫成四絕句愧未能工聊以作紀事之謠

云爾

百里新渠七日成高低禾黍水盈盈創垂自昔稱唐

漢補救于今得大淸大淸渠

忽驚飛筧吐長虹巧引西流復向東小憩橋亭頻眺

望此中兼有濟川功 大淸閘

青銅峽口塔山隈河勢東遷去不回一道長堤標砥

柱挽他餘潤入唐來 迎水湃

寒外西風起暮愁羣湖泛濫不成秋年來修葺尋三

洞野水無聲暗地收 暗洞

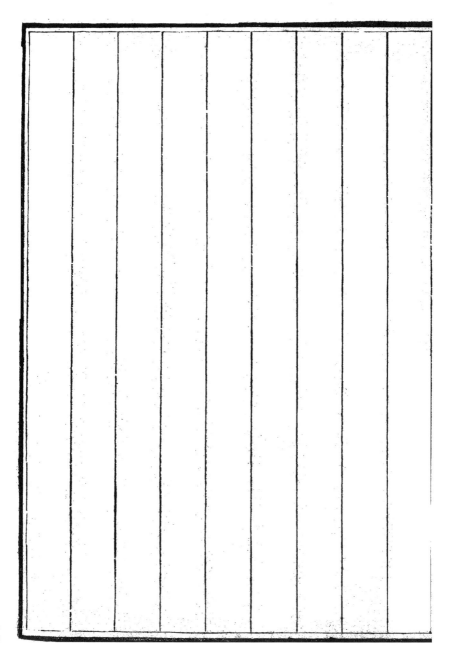

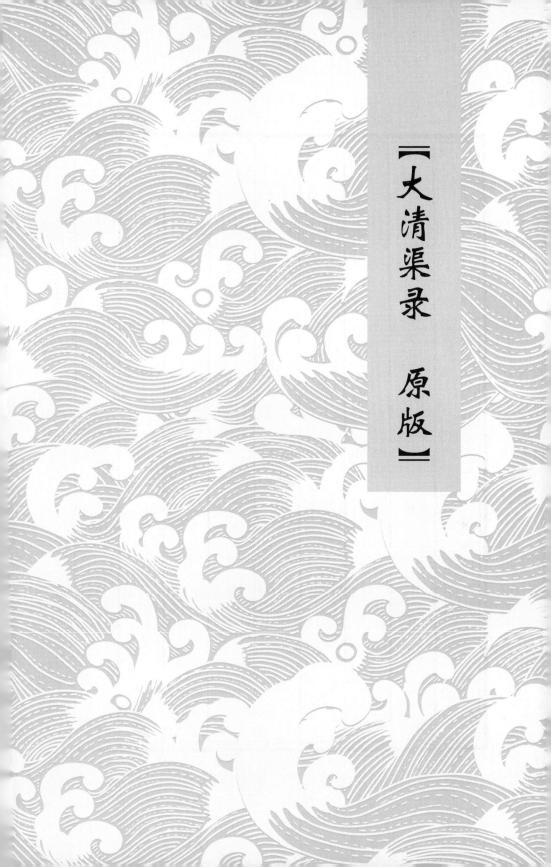

【大清渠录　原版】